U0176746

模块化平急酒店设计指南

郭晨光　邢云梁　王子佳　周栋良　主　编
万　力　张连鹏　杨　森　张志聪　副主编
李化贝　区乐轩

中国建筑工业出版社

图书在版编目（CIP）数据

模块化平急酒店设计指南 / 郭晨光等主编. — 北京：中国建筑工业出版社，2023.12
ISBN 978-7-112-29054-3

Ⅰ.①模… Ⅱ.①郭… Ⅲ.①饭店-建筑设计-指南 Ⅳ.①TU247.4-62

中国国家版本馆 CIP 数据核字（2023）第 157327 号

流行疾病始终伴随着人类文明的发展，从公共卫生设施建设的角度出发，前期有意识、前瞻性地建设一批具有应急功能性的酒店，平时按照常规性酒店经营，一旦发生重大突发公共卫生事件，可以做到有备无患，避免临时选择，仓促上阵，从而造成不必要的损失。全书共分为 11 章，包括应急背景下的平急酒店、平急酒店选址及总平面设计、建筑设计、结构设计、给水排水设计、暖通空调设计、电气设计、智能化设计、景观设计、标识设计、装配式建筑实施方案等。本书内容全面、具有较强的可操作性，可供建筑行业相关从业人员参考使用。

书稿中未注明单位的，长度单位均为“mm”，高度单位均为“m”。

责任编辑：徐仲莉　王砾瑶
责任校对：芦欣甜

模块化平急酒店设计指南
郭晨光　邢云梁　王子佳　周栋良　主　编
万　力　张连鹏　杨　森　张志聪　李化贝　区乐轩　副主编
*
中国建筑工业出版社出版、发行（北京海淀三里河路 9 号）
各地新华书店、建筑书店经销
北京科地亚盟排版公司制版
北京中科印刷有限公司印刷
*
开本：787 毫米×1092 毫米　1/16　印张：9¾　字数：242 千字
2023 年 12 月第一版　2023 年 12 月第一次印刷
定价：**55.00** 元
ISBN 978-7-112-29054-3
（41786）

版权所有　翻印必究
如有内容及印装质量问题，请联系本社读者服务中心退换
电话：（010）58337283　QQ：2885381756
（地址：北京海淀三里河路 9 号中国建筑工业出版社 604 室　邮政编码：100037）

本书编委会

主　编： 郭晨光　邢云梁　王子佳　周栋良

副主编： 万　力　张连鹏　杨　森　张志聪　李化贝　区乐轩

参　编： 胡礼基　邢霂生　曲　博　苏钰焮　陈开全　谢　姗　徐　睿　史少微　杨冰峰　罗酉飞　李竹琳　毕铭月　杨　晶　王瑞琪　江连昌　傅　娟　周晓夏　李　刚　周登登　李红芳　张浩翔　许　锐　林　亮　岑崇超　郝　磊　李晨阳　赵宝军　王　琼　徐　聪　王小海　薛晓娟　栾　毅　蒋　春　张　明　刘雅菲　李剑峰　周晓璐　林志鹏　崔　迪　张学军

组织编写单位： 深圳市建筑工务署工程设计管理中心
奥意建筑工程设计有限公司

前言

重大公共卫生事件自古以来时有发生，对人类生命安全和健康造成重大威胁。现代化社会中，全球人员、物资交流日趋频繁，公共卫生事件更容易实现全球范围的快速广泛传播。各国政府在应对此类流行危机过程中采取的措施，势必对全球产业链造成冲击，引起市场动荡甚至经济衰退。根据21世纪以来各大公共卫生事件的应对经验，结合现代医学技术，快速处理此类卫生事件是全球化背景下最为有效的解决方案。

中国是一个人口大国，各地区发展不平衡，医疗资源总量不足，因此需要及时调动各行各业进行资源整合以快速高效地应对此类流行危机。平急酒店在此需求下应运而生，平时可作为酒店功能服务经济发展，危机状态下可快速转变为应急酒店，既适应公共卫生医疗的需要，也契合国家相关政策。

近年来，随着建筑模块化设计的推广和市场规模的迅速扩大，对装配式建筑设计的研究逐渐深入，研究成果也日益丰富。装配式模块化设计是建筑设计与建筑制造的重大变革，能够减少生产成本并缩短工期，提升建筑质量与施工安全，减少环境污染，同时满足建筑的可持续性发展和生产减耗，有利于建筑业与其他产业深度融合。装配式建筑模块化的技术思路十分适用于平急酒店的建设。

针对以上情况，在收集整理现有设计理论的基础上，结合实践经验，本书从平急酒店的发展、选址、总平面设计、建筑设计、结构设计、给水排水设计、暖通空调设计、电气设计、智能化设计、景观设计、标识设计、装配式建筑实施方案等多个维度进行解析。本书是面向建筑师的技术指南，重点介绍了装配式平急酒店设计的基本思路以及应用技术要点，以提高建筑设计的效率和质量。

目　录

第1章 应急背景下的平急酒店

1.1 平急酒店建设背景和目的

流行疾病始终伴随着人类文明的发展，在我国有文字记载的2000多年历史中，发生过流行疾病的年份高达600多年，即平均每4年就有一次流行疫情灾害。因此，从公共卫生设施建设的角度出发，前期有意识、前瞻性地通过模块化的建设方式建设一批具有平急功能性的酒店，平时按照常规性酒店经营，一旦发生重大突发公共卫生事件，可以做到有备无患，避免临时选择、仓促上阵，从而造成不必要的损失。

1.2 平急酒店的定义

平急酒店一般用于流行性疾病的隔离处置。集中平急酒店是对确诊病例密切接触者、次密接者、入境人员及高风险职业人群等相关规定要求的人员，进行集中隔离和医学观察的建筑及其配套设施。规范平急酒店的设计，对于提升应对重大突发公共卫生事件能力具有重大意义。

1.3 平急酒店的类型

根据平急人数的规模，将可以容纳1000人及以上进行集中隔离医学观察的酒店称为大型集中平急酒店，小于1000人的称为中小型平急酒店。

根据平急酒店的建设方式，可分为新建平急酒店和既有建筑改造的平急酒店两种类型。

1.4 平急酒店设计原则

1.4.1 安全性原则

平急酒店设计应首先考虑隔离人员、工作人员和周边其他人员的生命健康，合理选址，远离人口密集区域。科学合理地设置“三区两通道”，正确组织多种人员流线，降低交叉感染的风险。

对于有条件的地区，可利用5G通信、人工智能及物联网成熟的技术应用等现代科学技术，采用消杀机器人、送餐机器人、测温机器人、远程可视对讲等方式大幅降低服务人员的重复工作（图 1-1），减少服务人员的数量，进一步降低感染风险。同时，还应注意建筑结构和消防疏散的安全，尤其是既有建筑改造项目。

(a)

(b)

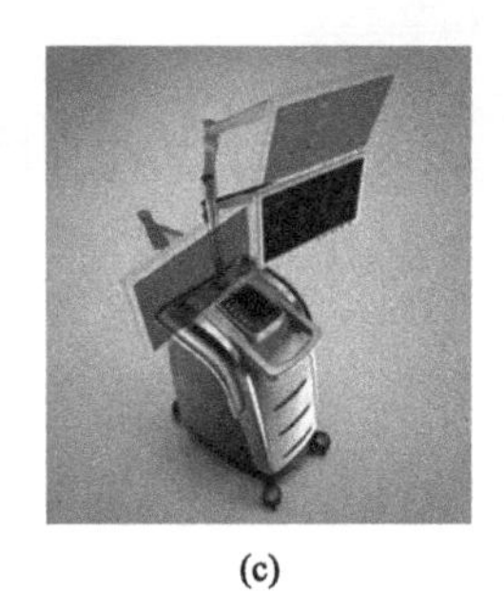

(c)

图 1-1　物联网技术应用

（a）基础交互；（b）现代科学技术；（c）人工智能

1.4.2　人性化原则

平急酒店在无障碍设计、隔离人员房间设置、室内装饰设计、景观环境营造、人员安全保障等方面应积极满足人性化、个性化的需求（图 1-2）。

酒店出入口处设置无障碍坡道，建筑内部设置无障碍电梯，配备无障碍客房、无障碍卫生间，电梯厅深度满足无障碍设计要求。

隔离人员房间根据老幼病残孕等特殊人群的照护需求，在低楼层设置一定比例的双人间及套间，便于服务管理。考虑到隔离人员的心理需求，室内尽量无玻璃、无尖角家具，并留出足够的活动、锻炼空间，充分考虑到隔离人员的生活、心理、行为和文化需求。

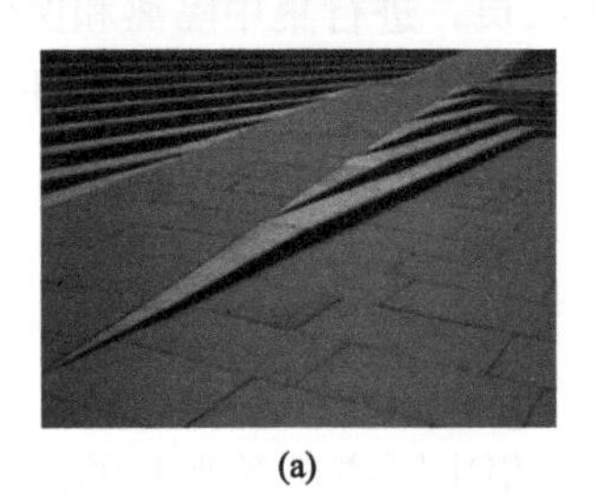

(a)

(b)

(c)

图 1-2　人性化设计

（a）无障碍设计；（b）室内装饰设计；（c）景观环境营造

引入大量绿植景观，在视觉上弱化平急酒店区域划分感，营造自然疗愈的景观氛围。南方城市可采用香樟、白兰、红花羊蹄甲等具有杀菌抑菌、净化空气的树种，构建保健型植物群落。

1.4.3　平急结合原则

回顾历史，大规模疫情均为短时间爆发，因此无论是新建还是既有建筑改造的平急酒店，在设计阶段均需考虑平急结合的原则，对接未来转化使用的可能性，为后续使用需求预留条件，只需少量改造即可投入后续运营。例如，应急标识采用标准化的易更换结构或不留痕粘贴，应急期后可快速替换，避免对建筑墙面造成二次破坏；房型可提供单人间、双人间、套房等多种选择，应急期间满足各类隔离人员的居住需求，应急期后无须大规模改造，即可作为酒店或宿舍等居住建筑使用（图 1-3）。

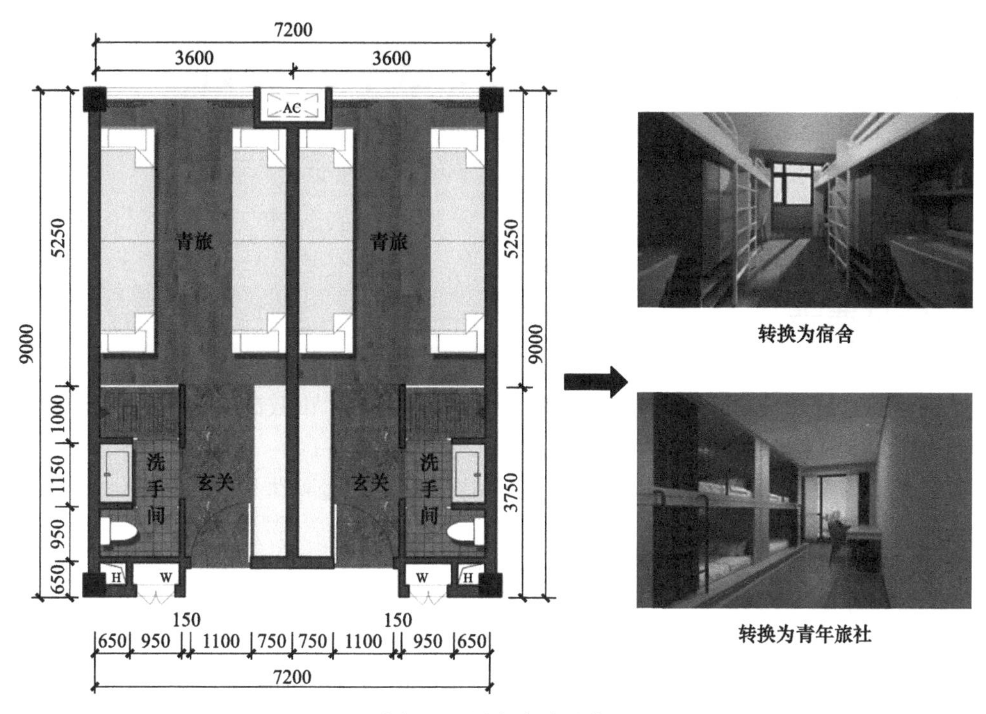

图 1-3　酒店改造示意

1.4.4　快速建造原则

平急酒店应综合考虑设计使用年限、建设周期等因素，确定合理的结构形式。应急项目可优先采用高装配率的钢结构体系和全模块化建筑结构体系，并按模数化的原则进行设计，满足大面积快速施工的要求。

建筑设计按标准化模数选择开间与进深，确保隔离房间的一致性；结构构件优先采用定型产品，方便大量快速地采购及施工；建筑立面采用单元式幕墙做法；内墙采用满足装配式体系的装配式隔墙系统；室内装修、家具一体化，包括装配式的卫生间、墙面镜子、护栏等，从而提高标准化建设标准，实现快速建造（图 1-4）。

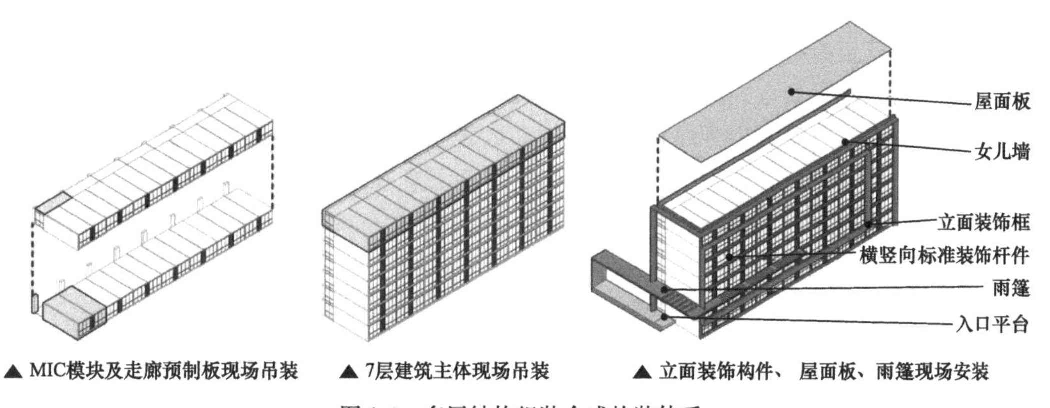

图 1-4　多层结构组装合成快装体系

第2章 平急酒店选址及总平面设计

2.1 选址要求

平急酒店选址，宜位于地质条件良好、靠近医疗资源、市政配套齐备、交通便利、环境安静地段，并应远离污染源、易燃易爆物品的生产和储存区。

应与人口密集居住及活动区域保持一定的防护距离，远离幼儿园、学校、老年人照护中心等易感人群。

应与入境口岸、传染病医院、定点救治医院等医疗机构有便捷的交通路线。新建和既有建筑改造的大型平急酒店与其他相邻建筑宜设置一定距离的绿化隔离卫生间距。

2.2 总平面设计

根据《医学隔离观察临时设施设计导则（试行）》、国务院《关于印发大型隔离场所建设管理卫生防疫指南（试行）的通知》等文件的要求，平急酒店内主要分为三类人员：隔离人员、高风险岗位工作人员、低风险岗位工作人员，风险等级依次降低，三类人员的流线均应相互独立。

结合现实操作的可行性及经济性，新建平急酒店至少应有两个独立的分区：隔离区（污染区）、工作服务区（清洁区）（图 2-1）。

隔离区：隔离区位于下风向，包括各栋隔离单元、垃圾处理站、污水处理站、洗衣房、综合门诊等功能建筑。本区域为污染区。

隔离区的核心功能是为隔离人员提供住宿及生活空间。对于规模较小的平急酒店，可采用垃圾及布草定时外运来代替垃圾处理站及洗衣房功能；对于应急风险等级较低的酒店，可采用化粪池投药方式代替污水处理站功能，避免过度建设；对于规模较大或位置较偏远的平急酒店，可设置综合门诊，便于为园区人员提供及时的基本医疗服务。

工作服务区：应位于上风向，包括办公用房、工作人员宿舍、厨房及餐厅、物资库房等功能建筑。本区域为清洁区。

工作服务区的核心功能是为工作人员提供办公、值班住宿及存储应急物资等功能的空间，对于规模较小的平急酒店，可采用外部配餐的方式代替厨房及餐厅功能。

隔离区与工作服务区应相互独立，并分别设置独立的出入口，两区中间应设置合适的缓冲绿化空间，尽可能减少两区的流线交叉，合理规划人员、物资及垃圾流线，避免交叉感染。为确保风险可控，隔离区出口处应设置车辆洗消场地，便于运输人员的大巴车辆洗消后离开。

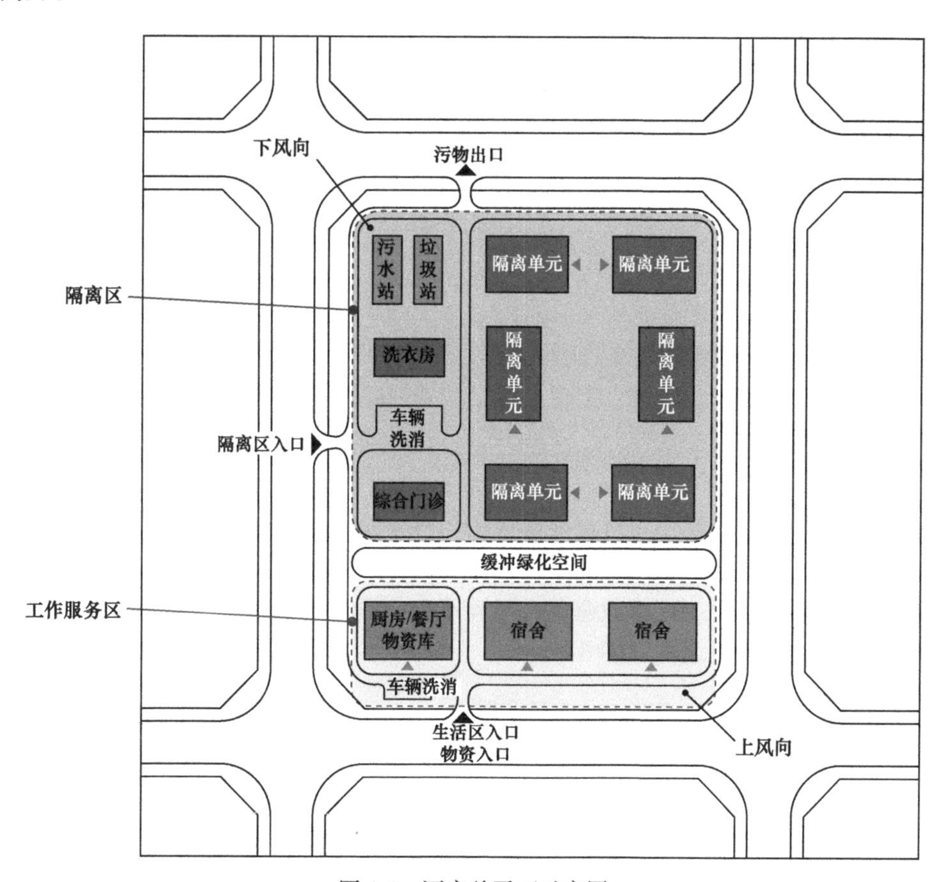

图 2-1　酒店总平面示意图

第3章 建筑设计

3.1 隔离区

3.1.1 隔离单元

根据平急酒店的建设规模，可将隔离区的单栋建筑或一栋建筑的多个楼层定义为一个独立的隔离单元。为便于后期运营管理，实际项目中通常选取单栋建筑作为一个隔离单元。明确不同的隔离单元，可有效避免高风险服务人员在不同单元间交叉作业，将二次传染的风险控制在一个单元之内（图 3-1）。

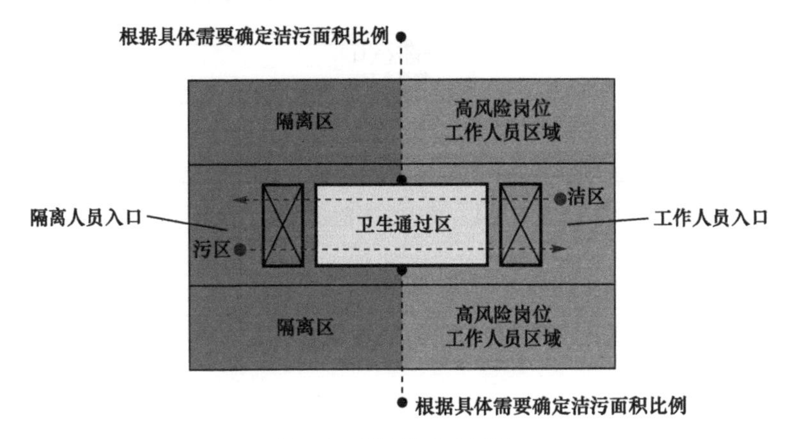

图 3-1　隔离单元示意图

隔离单元的主要空间是隔离客房，为减少卫生死角，应尽可能减少配套用房数量，但仍需包括首层大堂、洁物间、消毒间、消杀用品间、垃圾及污布草暂存间等基本功能房间。

1. **首层大堂**

隔离人员通常由大巴统一运送至各隔离单元首层落客区，经大堂进入后需完成安检→消杀→登记→入住的流程，瞬时人流量较大。因此，需严格按照入住流程进行平面设计，为安检及消杀机器预留一定的空间，并为隔离人员营造舒适的排队等候空间。首层大堂是隔离人员进入酒店的第一印象空间，友好的大堂环境可适当缓解隔离人员入住前的紧张心理。

2. **洁物间**

为便于高风险工作人员就近取用清洁物资，可设置一间同时面向室外清洁区与室内清洁区的独立房间。物资由室外清洁区运入洁物间内，高风险工作人员由室内清洁区进入洁物间取用物资，然后经缓冲间运入污染区。

3. 消毒间、消杀用品间

隔离单元内部公共空间需频繁消杀，因此可在污染区就近设置消毒间及消杀用品间，消毒间用于消杀药品配制，消杀用品间用于存放各类消杀药品及相关器具，便于高风险工作人员开展消杀工作。

4. 垃圾及污布草暂存间

为控制风险，将隔离区产生的垃圾定义为医疗废弃物，其收集和转运操作需对应医疗废弃物的收集及转运标准。每个隔离单元设置垃圾及污布草暂存间，用于收集、中转本单元所产生的垃圾及污布草。垃圾暂存间面积可根据本单元客房数量，以日产日清为原则计算，污布草暂存间面积可根据最短隔离周期产生的布草量进行计算。

5. 隔离单元客房标准层

隔离单元的标准层主要是由隔离客房和交通体组成。

隔离客房应以单人间为主，并提供一定比例的双人间、套房和无障碍隔离房间，应急期间满足各类隔离人员的居住需求，疫后无须大规模改造，即可作为酒店或宿舍等居住建筑使用。隔离客房内应设置卫生间，配置洗漱、厕位、淋浴等基本设施；考虑到隔离人员的心理需求，室内尽量无玻璃、无尖角家具，并留出足够的活动、锻炼空间；外窗或阳台需设置必要的安全防护设施。

除了隔离客房，隔离单元标准层的交通组织设计尤为重要。客房标准层需为隔离人员、高风险工作人、污物垃圾分设三类独立的交通体，其中隔离人员及污物垃圾交通体位于污染区，高风险工作人员交通体位于清洁区。对于规模较大的平急酒店，考虑到隔离人员瞬时进出的流量较大，设计中可为隔离人员的进入与离开分设两条独立的流线，进一步降低流线交叉的风险。

长期进行应急隔离难免对隔离人员的心理健康产生一定的影响，因此从酒店大堂至客房的友好空间体验对于缓解压抑心理具有重要作用，通过减少突兀的应急标识、偏向温暖舒适的室内配色、智能化的无感管理系统等均可提升隔离人员的入住体验。

6. 高风险工作人员常驻区

高风险工作人员，直接进入隔离单元为隔离人员服务；低风险工作人员，位于清洁区，通过无接触方式为高风险工作人员服务。多地在应急风险控制工作指引中均有强调：集中隔离医学观察场所高、低风险岗位工作人员活动区域、通道相互独立，工作、会议、培训、用餐、核酸采样等活动必须相互分开，并且集中居住区域必须分开，避免人员交叉。

根据高风险工作人员常驻区是否合并入隔离单元，可分为两类服务工作模式：①高风险工作人员常驻区合并入隔离单元，严格对应服务本单元隔离人员；②高风险工作人员独立集中居住，分组对应服务多个隔离单元。设计前期需根据计划入住隔离人员的风险等级、酒店规模、运营管理模式等因素确定高风险工作人员的服务工作模式。

3.1.2　卫生通过区

卫生通过区是保证应急期平急酒店安全运转的核心缓冲区域，借助高频消杀及控制空气压力梯度等技术手段的辅助，高风险工作人员可在此安全地解除防护，隔绝污染溢出的风险。卫生通过区的设计原理与传染病医院的院感防护流程类似，其内部分为一脱间、二脱间、缓冲间、更衣区等区域，实际操作中通常根据流线需要将穿衣区独立设置。

工作人员进入隔离区应经过更衣区、穿戴防护装备区、缓冲间等房间；工作人员由隔离区返回工作服务区，应经过一脱间、二脱间、淋浴间等房间。

根据建筑平面布置的不同，卫生通过区可分为集中模式和单元模式。

集中模式：整合更衣区、一脱间、二脱间、淋浴间、缓冲间多种功能区域，可满足多人同时使用，流线可双向流动（图 3-2）。

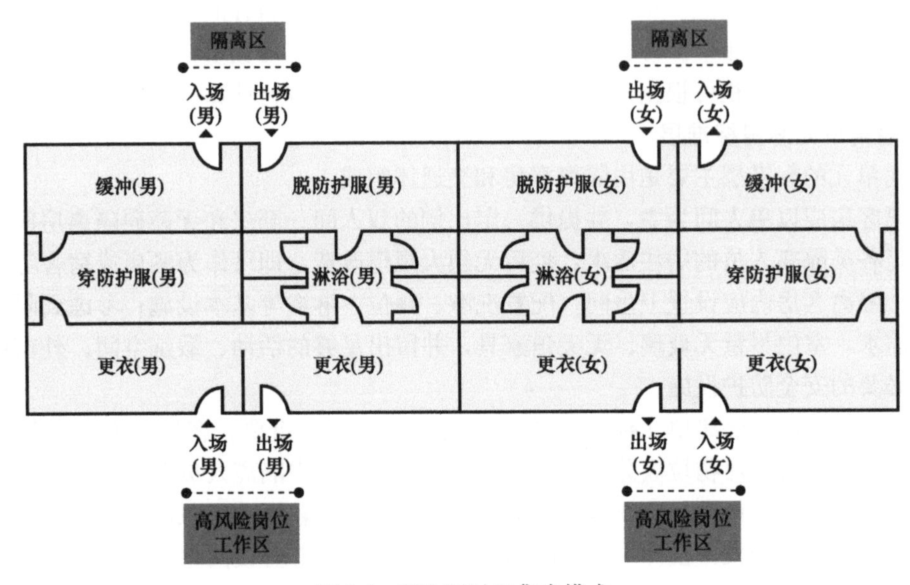

图 3-2 卫生通过区集中模式

单元模式：将一脱间、二脱间整合为最小卫生通过单元，通过缓冲走廊串联多个卫生通过单元，单元数量需根据实际服务人员数量确定。由于空间较小，每个单元单次仅一人通过，流线控制从污染区向清洁区流动（图 3-3）。

卫生通过区可以合并设置于隔离单元内部，仅供本隔离单元使用，也可根据流线需要集中独立设置于隔离单元外部，多个隔离单元共用一个卫生通过区。

3.1.3 综合门诊部

综合门诊部主要是为隔离人员在酒店居住期间提供应急基本医疗需求。可根据需要设置发热诊室、专科门诊、检验室、药房等功能。

为避免医疗资源浪费，可根据平急酒店规模及周边医疗资源状况，综合考量是否设置综合门诊或部分设置。

3.1.4 垃圾站

垃圾站应设置在场地下风向，对于规模较小的平急酒店也可附设在隔离单元内部。为控制风险，将隔离区产生的垃圾定义为医疗废弃物，需由具备医疗垃圾转运资质的单位进行转运，日产日清。

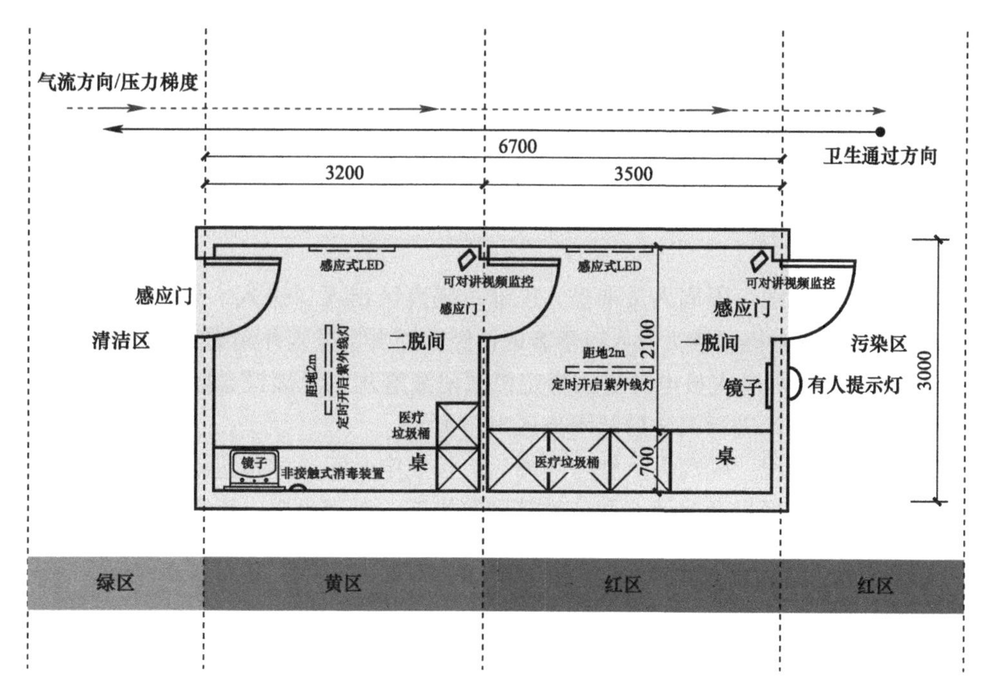

图 3-3　卫生通过区单元模式

对于规模较大的新建平急酒店，有条件时可在垃圾站附设垃圾焚烧站，以杜绝垃圾外运带来的风险。考虑应急突发情况，垃圾焚烧站设计处理规模应根据垃圾峰值产量预留冗余。垃圾焚烧站内设置垃圾暂存间、转运间、炉渣暂存间等房间，焚烧设备区域建防雨篷，遮风挡雨。

3.1.5　洗衣房

洗衣房应设置在下风向，主要是为酒店布草及隔离人员衣物等提供洗消服务，为避免交叉感染风险，洗衣房内部需严格区分洁污两区，为隔离区（污区）与工作服务区（洁区）独立服务，洗消流程及洗消设备可参考传染病医院标准。

对于规模较小的酒店可取消洗衣房，由固定的服务商提供洗消服务。

3.1.6　车辆洗消场地

车辆洗消场地设置于隔离区出口附近，运送隔离人员的大巴及其他车辆离开隔离区前需在此完成洗消，可大幅降低风险外溢的可能。

3.2　工作服务区

工作服务区（清洁区）主要是为隔离区提供物资保障、后勤保障、统筹管理等服务，在此工作的人员不必常驻区内，可通过两点一线闭环管理。因此工作服务区内应设置各类办公室、监控室、会议室、值班室、值班宿舍、各类物资库房、设备机房等，并可根据需要设置警务工作站、厨房、餐厅等用房及其他配套用房。

工作服务区与隔离区之间通过设置物资及配餐交接区，以无接触配送的方式实现从工作服务区（清洁区）到隔离区（污染区）的物流运输。

3.3 应急流线设计

3.3.1 隔离人员流线

隔离人员进入流线：隔离人员乘坐大巴通过隔离区出入口进入，车辆沿隔离区内部环线将隔离人员运送至各栋酒店大堂入口落客区，经首层大堂进入并完成安检→消杀→登记→入住的流程，然后乘隔离人员电梯进入指定楼层隔离客房，开展医学隔离观察。大巴送客后离场需经车辆洗消区进行消洗后从隔离区出口离开。

隔离人员离开流线：隔离人员解除隔离后，按规定时间通过指定电梯及路线离开。对于规模较小的酒店可通过及时消杀和分时管理等措施，以避免进出流线的时空交叉。

3.3.2 高风险工作人员流线

上岗流线：高风险工作人员采用周期轮岗制，每个周期根据具体运营流程确定，因此需常驻于酒店固定区域。其上岗流线从常驻区出发，经穿衣区防护后进入污染区开展工作。

离岗流线：高风险工作人员在污染区结束工作后，经指定线路进入卫生通过区（一脱间、二脱间）解除防护后返回常驻区。

高风险工作人员的上岗及离岗流线均设计为单向流动，以实现严密的应急防护流程，最大限度地保护工作人员健康。

3.3.3 垃圾收集处理流线

从控制风险角度，酒店隔离区产生的所有垃圾均可按照医疗废弃物管理。为避免资源浪费，低风险工作区域产生的垃圾可按照生活垃圾处理。

医疗垃圾由平急酒店客房门口的垃圾篮进行初步收集，经过消毒、封口，投入本楼层垃圾暂存间，经污物电梯运至首层垃圾暂存间，按指定时间，由医疗废物处理站运营单位按要求使用专车回收至垃圾处理站内暂存间。

对于交通便利或规模较小的平急酒店，可与专业医疗废弃物回收机构合作，运出隔离区产生的垃圾。

3.3.4 布草收集流线

隔离区客房消杀后收取布草，投入垃圾袋封口、消毒后存放至布草暂存间，转运至洗衣房或外运至定点洗消单位清洗。

3.3.5 配餐流线

餐食由本地厨房生产或外部配送至配餐交接区，采用无接触配送方式，由指定路线运送至酒店大堂门口放餐区，酒店高风险工作人员取餐后，经客梯分配至各层客房门口，由隔离人员取入房间。

对于较大规模的平急酒店，可在清洁区设置厨房及餐厅。厨房设置收货区、冷库、仓房、粗加工区、烹饪间、面点加工间、烘烤间、备餐与售卖区、餐具清洗消毒区、快餐包装区等。同时，餐厅可小规模服务清洁区工作人员。

3.4　平急转换设计

3.4.1　功能转换

平急酒店的基础功能与普通酒店相似，大部分空间（如首层大堂、客房、洗衣房、厨房、餐厅等空间）可通过预留对应的机电设备条件，应急期后经适当改造即可顺利转换为普通酒店用房。

3.4.2　空间转换

酒店主要客房空间可通过标准化设计减少后期改造工作量，仅需通过置换部分家具即可实现后续运营需求。公共空间可通过弹性设计，灵活转变为休憩、交流、阅读等空间，如大堂安检、消杀、登记空间可以转换为休闲交流、纪念品商店、咖啡吧等现代酒店常见的功能空间。

第4章 结构设计

4.1 结构体系选型

模块化平急酒店项目应从工期、造价、建筑使用、平急转换等方面进行综合比选，根据规范适用高度要求，确定合适的结构体系。

模块化平急酒店若采用装配式钢结构，包括钢框架结构体系、钢框架—支撑结构体系或框筒结构体系等，设计人员按相关规范要求进行设计，本书不再赘述。

模块化平急酒店标准化程度高、工期短，一般采用箱式钢结构集成模块化建筑。箱式钢结构集成模块化建筑具有标准化、集成化、模块化、信息化等特点，集成模块在工厂完成生产及装饰装修，运输到现场安装就位后进行有效连接，大大缩短施工工期，实现快速建造，并有利于推动智能建造与新型建筑工业化协同发展。

4.2 结构适用高度

箱式钢结构集成模块建筑可依据《箱式钢结构集成模块建筑技术规程》T/CECS 641—2019进行设计，可采用叠箱结构、叠箱—底部框架结构、叠箱—抗侧力结构等结构形式，适用高度详见《箱式钢结构集成模块建筑技术规程》T/CECS 641—2019。建筑单体的布置、模块模数以及结构高度应满足规程要求。

4.3 结构整体计算

计算结构位移时，可采用分块刚性楼板假定；计算结构内力时，应采用弹性楼板假定；当屋面板采用整体现浇或装配整体式钢筋混凝土板时，可假定屋面平面内为无限刚性。

箱式模块层间竖向连接模拟高度不应小于箱式模块结构间竖向净距。采用螺栓连接时，应采用铰接模型。

当箱式模块建筑采用金属箱壁板作为抗侧力构件时，结构计算应计入金属箱壁板对结构刚度的影响，并应验算金属箱壁板的抗剪承载力。

叠箱结构、箱—框结构和箱—框—支撑结构的框架按刚度分配计算得到的地震层剪力标准值应乘以调整系数，不小于结构总地震剪力标准值的25%和框架部分计算最大层剪力标准值的1.8倍二者的较小值。当高层箱式模块建筑采用箱—框—支撑结构体系时，非箱式模块部分钢框架—支撑部分承担的地震层剪力标准值不应小于对应层地震剪力标准值的50%。

箱式模块建筑抗震计算时结构的阻尼比可按下列规定取值：多遇地震下可取0.035～0.04；罕遇地震作用下的弹塑性分析，可取0.05。整体分析计算应补充弹性时程分析，建议基底剪力取时程分析法和CQC法的较大值，对地震剪力进行调整。

对于高度超过规程限值、多项不规则的超限结构，应进行性能化设计，补充弹塑性时程分析。

4.4 结构布置

结构平面布置宜规则、对称，并应与建筑设计相协调；模块平面布置应在模数协调的基础上遵循“少规格、多组合”的设计原则，并宜兼顾建筑的多样性和经济性。

结构在两个主轴方向的动力特性宜相近，并应减少因刚度、质量不对称造成的扭转；竖向受力构件应连续布置，并应保持刚度、质量变化均匀。

作为抗侧力构件的金属箱壁板及支撑宜沿建筑高度竖向连续布置，并延伸至计算嵌固端；金属箱壁板不宜过长，较长的金属箱壁板宜设置洞口，将金属箱壁板分成长度较均匀的若干段；各段长度不宜小于0.8m，不宜大于3m。

防震缝应根据抗震设防烈度、结构类型、结构单元的高度和高差情况进行设计，防震缝两侧的上部结构应完全分开；防震缝的宽度不应小于钢筋混凝土框架结构缝宽的1.5倍（图4-1）。

图4-1 标准模块单元

4.5 节点设计

4.5.1 柱墩、柱脚

《箱式钢结构集成模块建筑技术规程》T/CECS 641—2019第5.4.4条规定：首层箱式模块底面应高出室外地面，地下室顶板或基础上部应设置预埋件与箱式模块可靠连接，预埋件宜用混凝土包裹，包裹层厚度不应小于100mm。无地下室的箱式模块建筑，底层箱式模块应架空设置。

4.5.2 模块连接

箱式模块连接节点构造应具备施拧施焊的作业空间以及便于调整的安装定位措施，并应与结构计算模型假定相符合；预埋件的锚固破坏不应先于连接件破坏。箱式模块建筑连接设计宜采用弹性时程分析法进行地震下的内力补充计算。目前工程实际最常用的是螺栓连接。螺栓连接的优势是现场安装效率高、易定位、可拆卸，缺点是需注意定位精度、开孔公差、滑移和螺栓拧紧程度。螺栓连接构造主要包括定位件、连接板、高强度螺栓，通过定位件使得上、下模块的安装易定位并可承受部分模块间的水平剪力，通过连接板和螺栓安装同时实现模块单元间的竖直—水平连接。

节点构造应具有必要的延性，并避免产生应力集中和过大的焊接约束力，并应按强节点弱构件的原则设计。但实际上，上下连接盒连接强度很难满足强于构件的原则，当箱体结构承受较多倾覆力矩时，箱体框架的截面较大，强节点弱构件的原则难以满足，应采用加强核心筒、增设支撑等措施提高抗侧刚度。

4.5.3 公区连接

公共区域一般采用装配式钢框架结构，设计采用Q355的H型钢作为钢结构框架的梁和柱。钢结构柱与梁之间的连接采用栓焊连接，使得梁柱之间为刚接。钢结构梁与梁之间的连接采用螺栓连接，为铰接（图4-2）。钢框架区域可引入屈曲约束支撑（BRB），既能够提高结构的抗侧刚度，又能够大量消耗结构的地震能量（图4-3）。

图4-2 梁与梁铰接连接

图4-3 屈曲约束支撑

4.5.4 安装施工

箱体模块进场后续对箱体的外观质量和尺寸进度进行验收，形成验收记录，并检查收取制作厂提供的箱体的出厂合格证、质量保证书和检验报告。

图4-4 集成模块的吊装

箱式钢结构集成模块建筑施工应编制施工组织设计以及配套的专项施工方案，经审批通过后方可实施，并应采用适用的起重设备、配套工具与安装工法，制定合理的安装工序。模块箱体尺寸偏差允许标准应满足《轻型模块化钢结构组合房屋技术标准》JGJ/T 466—2019的要求（图4-4）。

4.6 地基基础

为满足快速建造要求，优先考虑天然基础（筏板基础、柱下独立基础），其次是预应力管桩、预应力方桩，再次是灌注桩，最后考虑地基处理后的筏板基础、柱下独立基础。

承台、底板混凝土应满足水土腐蚀性等级，且混凝土强度不低于 C30。有地下室的应采用抗渗混凝土，可掺混凝土膨胀剂、早强剂提高混凝土抗裂性能和加快混凝土凝固。

承台、底板厚度应满足桩、柱底冲切的要求；底板拉通筋由板最小配筋率控制，个别不满足计算结果的地方采用附加钢筋的方式解决，同时注意钢筋规格间距的统一。电梯坑、集水井的布置应尽量避让承台，尽量避免采用局部降板，如必须降板时，尽量将降板区域靠在一起，减少砖胎模的砌筑量，如将集水坑紧贴电梯基坑布置等。

4.7　钢结构防腐与防火

（1）防火设计应符合现行国家标准《建筑钢结构防火技术规范》GB 51249 的有关规定。

（2）钢结构构件应遵循安全可靠、经济合理的原则，按下列要求进行防腐蚀设计：

1）防腐蚀设计应根据环境腐蚀条件、施工和维修条件等要求合理确定；

2）防腐蚀设计应考虑环保节能的要求；

3）除必须采取防腐蚀措施外，应尽量避免加速钢结构构件腐蚀的不良设计；

4）防腐蚀设计中应考虑钢结构构件设计使用年限内的检查、维护和大修。

（3）钢结构构件在涂装之前应进行表面处理，闭口截面构件应沿全长和端部焊接封闭。

（4）采用防火涂料进行防火保护时，构件表面应按规定进行除锈与涂装，同时根据钢结构构件的耐火极限等要求，确定防火涂层的形式、性能及厚度。

（5）采用防火板材进行防火保护时，应根据构件形状和所处部位进行包覆构造设计，并应采取确保安装牢固稳定的措施。

第5章 给水排水设计

5.1 设计依据及总则

5.1.1 设计依据

(1)《建筑给水排水与节水通用规范》GB 55020—2021
(2)《建筑节能与可再生能源利用通用规范》GB 55015—2021
(3)《城市给水工程项目规范》GB 55026—2022
(4)《城乡排水工程项目规范》GB 55027—2022
(5)《室外给水设计标准》GB 50013—2018
(6)《室外排水设计标准》GB 50014—2021
(7)《建筑给水排水设计标准》GB 50015—2019
(8)《深圳市优质饮用水入户工程建设指引(修订)》
(9)《深圳市建筑小区及市政排水管网设计和施工技术指引》
(10)《二次供水设施技术规程》SJG 79—2020
(11)《二次供水工程技术规程》CJJ 140—2010
(12)《建筑与工业给水排水系统安全评价标准》GB/T 51188—2016
(13)《医学隔离观察设施设计标准》T/CECS 961—2021
(14)《大型隔离场所建设管理卫生防疫指南(试行)》
(15)《建筑设计防火规范》(2018年版)GB 50016—2014
(16)《自动喷水灭火系统设计规范》GB 50084—2017
(17)《消防给水及消火栓系统技术规范》GB 50974—2014
(18)《建筑灭火器配置设计规范》GB 50140—2005

5.1.2 设计总则

既有建筑改造时，其给水排水、污水处理应当按现行国家标准《建筑与工业给水排水系统安全评价标准》GB/T 51188进行安全评估，并根据安全评估结果进行改造。

既有建筑改造时，需要结合建筑及小区现状设施和应急场所的功能需求，在满足功能需求的条件下，合理选择改造方案，充分利用现有给水排水设施。

新建建筑前期作为平急酒店使用的，需要结合平时功能合理地选择给水排水系统及消防系统。

生活给水泵房和集中生活热水机房应当优先考虑设置在清洁区，其次是半清洁区，严禁设置在污染区。加强饮用水水源保护，做好水质监测，确保饮用水水源不受污染。

5.2　给水系统设计

5.2.1　给水系统选择

生活给水系统宜采用断流水箱供水，并应当符合下列规定：

（1）供水系统宜采用断流水箱加水泵的给水方式；

（2）当改造项目采用断流水箱供水确有困难时，应当分析供水系统产生回流污染的可能性，当产生回流污染的风险较低时，既有供水系统应当增设减压型倒流防止器；当风险较高时，应当采用断流水箱供水。

严禁供水设备直接从市政给水管网直接抽水。

5.2.2　管道及阀门附件

给水系统及管道应满足《深圳市优质饮用水入户工程建设指引（修订）》和《二次供水设施技术规程》SJG 79—2020 的要求。给水系统应进行管道试压、消毒和冲洗，确保给水管道不渗漏、耐腐蚀。

室内外给水、热水的配水干管、支管应设置检修阀门，阀门宜设在工作人员的清洁区内。在使用过程中为了便于医院维修管理，需要在给水、热水的配水干、支管上设检修阀门，阀门应尽可能设置在清洁区，避免维修人员交叉感染；当条件不允许时，要对维修人员采取防护措施。

5.2.3　卫生洁具

下列场所的用水点应采用非接触性或非手动开关，并应防止污水外溅：

（1）公共卫生间的洗手盆、小便斗、大便器；

（2）护士站、治疗室、中心（消毒）供应室、监护病房、诊室、检验科等房间的洗手盆；

（3）其他有无菌要求或需要防止院内感染场所的卫生器具。

为了避免被污染的手在接触水龙头后传播病菌，在洗手盆、洗涤池、化验盆等洗手器具处设置非接触或非手动开关，在资金充裕的条件下，可采用感应开关。公共卫生间的大便器、小便斗属于污染区，为防止不同种类的病人交叉感染，这些器具应设置为感应或脚踏式开关。

采用非手动开关的用水点应符合下列要求：

（1）医护人员使用的洗手盆，以及细菌检验科设置的洗涤池、化验盆等，应采用感应水龙头或膝动开关水龙头；

（2）公共卫生间的洗手盆应采用感应自动水龙头，小便斗应采用自动冲洗阀，坐便器应采用感应冲洗阀，蹲式大便器宜采用脚踏式自闭冲洗阀或感应冲洗阀。

5.3 热水系统设计

5.3.1 热水系统选择

生活热水系统宜采用集中供应系统，南方地区宜采用空气源热泵；当采用单元式电热水器时，水温宜稳定且便于调节。

集中热水供应系统应采取灭菌措施，使其符合现行行业标准《生活热水水质标准》CJ/T 521 中的水质要求。其具体措施有：

（1）水加热设备、设施的供水温度不低于 60℃，出水温度不应高于 70℃，配水点热水出水温度不应低于 45℃。

（2）当上述条件不能满足或不合理时应采取如下措施：①设置能有效消灭致病菌的设施，如紫外光催化二氧化钛（AOT）消毒装置、银离子消毒器等；②系统定时升温灭菌。

（3）选用无冷、温水区的水加热设备。

（4）保证热水循环系统的有效循环，无滞水段。

当采用单元式电热水器时，有效容积应设计合理，使用水温稳定且便于调节热水系统的水加热器，宜采用无死水区且效率高的弹性管束、浮动盘管容积或半容积式水加热器。

5.3.2 热水系统安全性、舒适性

为提高热水供应系统的安全性，热水系统的热水制备设备不应少于 2 台，当一台检修时，其余设备应能供应 60%以上的设计用水量。

防止因系统设计冷、热水压力出现不平衡时，淋浴或者水龙头出水温度不宜调节，发生人员烫伤。当冷、热水供水压力差超过 0.02MPa 时，宜设置平衡阀。

为防止长时间不出热水的无效出流时间。热水系统任何用水点在打开用水开关后宜在 5～10s 内出热水。

为限制军团菌在热水系统中滋生，生活热水系统的水加热器出水温度不应低于 60℃，系统回水温度不应低于 50℃。

为了防止烫伤，当淋浴或浴缸用水点采用冷、热混合水温控装置时，使用水点出水温度在任何时间均不应大于 49℃。

手术部集中刷手池的水龙头应采用恒温供水，且末端温度可调节，供水温度宜为 30～35℃。

洗婴池的供水应防止烫伤或冻伤且为恒温，末端温度可调节，供水温度宜为 35～40℃。

每个病区应单独设置饮用水供水点，供水点应足额提供常温直饮水、开水。开水系统也可采用瓶装饮用水。

5.4 排水系统设计

5.4.1 排水系统选择

排水系统设计应满足《深圳市建筑小区及市政排水管网设计和施工技术指引》的要求。

排水系统应采取防止水封破坏的技术措施。

宜采用污废分流系统，减小水量波动对水封的破坏。

当采用污废合流系统时，排水立管管径适当放大，即排水立管的排水能力按不大于现行国家标准《建筑给水排水设计标准》GB 50015 的 7%核算。污物洗涤池的排水管管径不得小于 75mm。

污染区内洗涤设施排水应在消毒灭菌后再排放到室外排水管网。检验科室的洗涤设施应单独设置，排放的污水需要消毒后才能排至园区污水管网中，进入污水处理站处理。

5.4.2 地漏设置原则

为了保证室内环境卫生，地漏应尽量少设。准备间、污洗间、卫生间、浴室、空调机房等应设置地漏，护士室、治疗室、诊室、检验科、医生办公室等房间不宜设地漏。抢救室的地漏应采用可开启式密封地漏。

对于设有地漏处，应仅作为排地面积水，不兼作清扫口。地漏应采用无水封加 P 形存水弯，或由洗脸盆排水给 P 形存水弯补水。

必须设置地漏的房间应采用带滤网无水封地漏加存水弯，存水弯的水封不得小于 50mm 且不得大于 75mm。

5.4.3 通气管设置

清洁区与污染区排水通气系统应分区设置，分开收集；污染区排水系统的通气管设在室外通风条件良好的场所并适当放大通气管管径；隔离区排水系统的通气管出口采取消毒处理。

5.4.4 污染区空调的冷凝水排水

污染区空调的冷凝水应当集中收集，采用间接排水的方式进入污水排水系统，并排入污水处理站统一处理。

5.4.5 污染区排水管道及闭水试验

排水管道宜采用防腐蚀的管道，严禁污染区排水管道内的污水外渗和泄漏。排水管道不应穿越无菌室，当必须穿越时，应采取防漏措施；排水管道在穿越的地方应采用不收缩、不燃烧、不起尘的材料密封。

应急医疗设施室外污水排水系统应采用无检查井的管道进行连接，通气管的间距不应大于 50m，清扫口的间距应符合现行国家标准《建筑给水排水设计标准》GB 50015 的规定。

排水管道应当进行严格的闭水试验，采取防止排水管道内污水外渗和泄漏的技术措施。

室外排水检查井应采用密封井盖。

5.4.6 污水处理措施

对污染区要指导其对外排粪便和污水进行必要的处理及杀菌消毒。

新建项目宜设置污水处理站；改造项目，不具备设置污水处理站的需要对化粪池进行改造，通过化粪池第三池投药的方式消毒净化后排放。

强化消毒处理工艺，在化粪池前设置预消毒工艺，预消毒池的水力停留时间不宜小于1h；污水处理站的二级消毒水力停留时间不应小于2h。

污水处理从预消毒池至二级消毒池的水力停留总时间不应小于48h。

化粪池和污水处理后的污泥回流至化粪池后总的清掏周期不应小于360d。

消毒剂的投加应根据具体情况确定，但pH不应大于6.5。

污水处理池应封闭，尾气应统一收集、消毒处理后排放。

5.5 雨水系统设计

采用雨污分流制排水系统。当城市市政无雨水管道时，隔离区也应采用单独的雨水管道系统，不宜采用地面径流或明沟排放雨水。

雨水系统设置雨水调蓄池或雨水回收池的，应急期间需要在雨水收集池或调蓄池设置消毒设施。

在车辆停放处，宜设冲洗和消毒设施；雨水系统未设置雨水调蓄池，室外雨水不具备消毒处理后排放条件的，应设置冲洗和消毒设施，及时对场地进行消毒处理。

5.6 消防系统设计

新建及改造项目消防给水及灭火设施的设置应符合现行国家标准《建筑设计防火规范》(2018年版) GB 50016及相关行业规范的消防规定，投入使用前应进行消防系统联动试验，确保消防给水及灭火设施能够正常使用。

原建筑室内消防系统未配置消防软管卷盘时，可增设消防软管卷盘或轻便消防水龙头，其布置应满足同一平面至少有1股水柱能达到任何部位的要求。

应按严重危险级场所配置建筑灭火器，建筑灭火器配置按现行国家标准《建筑灭火器配置设计规范》GB 50140的有关规定执行。

为每名医护人员配备一具过滤式消防自救呼吸器，自救呼吸器应放置在醒目且便于取用的位置。

5.7 平急转换设计

5.7.1 生活给水系统

新建项目低区采用市压给水和加压给水的转换措施，加压低区的设备及生活水箱需要考虑市压给水区负荷要求，加设减压阀及相关接口阀门，应急期间低区加压给水。平时拆除阀门间连接管，低区给水系统采用市压给水。

5.7.2 排水系统

新建项目设置污水处理站的，污水处理站设置旁通管，平时停用。

利用化粪池改造消毒的项目，通过化粪池第三池投药的方式消毒净化后排放。平时消毒设施停用。

5.7.3　雨水回收及中水系统

应急期间雨水回收池增设消毒系统，雨水回收系统停用，并切换至低区生活给水系统。平时雨水回收收集系统使用时，需要断开与生活给水系统的连通管道。

如项目设置中水系统，应急期间中水系统应停用，并切换至低区生活给水系统。平时中水系统使用时，需要断开与生活给水系统的连通管道。

第6章 暖通空调设计

6.1 设计依据及总则

6.1.1 设计依据

(1)《建筑设计防火规范》(2018年版) GB 50016—2014
(2)《建筑防烟排烟系统技术标准》GB 51251—2017
(3)《医学隔离观察设施设计标准》T/CECS 961—2021
(4)《医学隔离观察临时设施设计导则(试行)》
(5)《综合医院“平疫结合”可转换病区建筑技术导则(试行)》
(6)《大型隔离场所建设管理卫生防疫指南(试行)》
(7)《酒店建筑用于新冠肺炎临时隔离区的应急管理操作指南》
(8)《集中隔离点设计导则(试行)》

6.1.2 设计总则

(1) 空调系统的设计需在满足人员卫生、舒适度要求的前提下，不因空气的交叉流动、窜风等造成不同房间之间的病菌传染。

(2) 污染区卫生间、垃圾间等污染空气的排放需采取有效措施以避免产生病菌的二次传播，且新风系统室外取风口应采取确保安全、不受污染的措施。

(3) 系统设计需兼顾平急使用功能需求，且方便实现灵活、快速转换。

6.2 空调、供热系统设计

(1) 应急场所内各功能房间室内设计温度，冬季宜为18～20℃，夏季宜为26～28℃。

(2) 供暖系统宜采用散热器供暖系统或地板辐射供暖系统；空调系统应采用各室独立的分体式空调系统、多联式空调系统或风机盘管系统。

(3) 当空调通风系统为全空气系统时，回风阀需全部关闭，采用全新风方式运行。

(4) 污染区空调的冷凝水应集中收集，并应采用间接排水的方式排入污水排水系统后统一处理。

6.3 新风系统设计

(1) 优先采用自然通风的方式。

（2）缓冲区、清洁区、污染区的新风系统应按区域独立设置。

（3）工作服务区设置新风系统的，新风量宜不小于2次/h。

（4）观察房间设置新风系统的，新风量宜按30～50m³/(h·人）设计。

（5）新风系统需配合排风系统的设计，需控制各区域的空气压力梯度，使客房气流由清洁区→缓冲区→走廊→客房→客房卫生间单向流动，使卫生通过区气流由清洁区→更衣区→缓冲区→污染区单向流动；控制其他区域的气流从清洁区→污染区单向流动。

（6）设置新排风机集中监控管理系统，设置在专人值班处对新排风机进行统一监管。在各隔离单元的服务间内设置服务该单元的新风机和排风机的启停控制开关，方便运行管理。

6.4　通风系统设计

（1）缓冲区、清洁区、污染区的通风系统应按区域独立设置。

（2）污染区客房卫生间应设置机械排风系统，换气次数不小于10次/h，排风量应大于房间新风量150m³/h。卫生间内设排风扇或者管道式风机，风机出口设置止回阀、调节阀或电动密闭阀，便于客房进行封闭消毒时可关闭此阀门。排风设置立管引至屋面层经过初、中、高效三级过滤后再排至室外，屋面设置集中排风风机。

（3）工作人员由污染区返回工作服务区的一脱间、二脱间、淋浴间、更衣区等房间应设置机械通风，并应控制周边相通房间空气顺序流向一脱间。一脱间排风换气次数不应小于20次/h，室内气流组织应采用上送风、下排风。

（4）医废暂存间、污布草间应设置机械排风系统，换气次数不小于20次/h，排风设置立管引至屋面层经过初、中、高效三级过滤后再排至室外，屋面设置集中排风风机。

（5）标本间、消毒间、消杀用品间应设置机械排风系统，换气次数不小于6次/h，排风设置立管引至屋面层经过初、中、高效三级过滤后再排至室外，屋面设置集中排风风机。

（6）污染区、卫生通过区排风系统的室外排出口不应临近人员活动区，排风口与新风系统取风口的水平距离不应小于20m；当水平距离不足20m时，排风口应高出进风口不小于6m。

6.5　防排烟系统设计

严格按《建筑设计防火规范》(2018年版) GB 50016—2014及《建筑防烟排烟系统技术标准》GB 51251—2017设计。

防排烟系统宜按清洁区、污染区和缓冲区设计，禁止跨区设计。

6.6　快速建设设计

为配合快速建设的要求，空调系统选用施工便捷、施工工期短的系统，如分体空调等。

清洁区、缓冲区和污染区的系统独立设计。

6.7 平急转换设计

采取符合平急转换要求的通风空调措施，分为平时和应急两种运行模式，新、排风独立可调，实现平时和疫时运行状态的快速切换。

仅服务平时运行的系统若经过非清洁区域，需要做好必要的封堵。

第7章 电气设计

7.1 设计依据及总则

(1) 模块化平急酒店的电气系统应结合应急期间和平时的功能统筹设计，做到平急结合。

(2) 本书适用于新建平急酒店工程项目的设计工作，既有建筑改造为平急酒店的工程项目可参照执行。

《医学隔离观察设施设计标准》T/CECS 961—2021

《大型隔离场所建设管理卫生防疫指南（试行）》

《民用建筑电气设计标准》（共二册）GB 51348—2019

《建筑物防雷设计规范》GB 50057—2010

《建筑物电子信息系统防雷技术规范》GB 50343—2012

《建筑照明设计标准》GB 50034—2013

《供配电系统设计规范》GB 50052—2009

《低压配电设计规范》GB 50054—2011

《20kV 及以下变电所设计规范》GB 50053—2013

《建筑设计防火规范》（2018 年版）GB 50016—2014

《汽车库、修车库、停车场设计防火规范》GB 50067—2014

《公共建筑节能设计标准》GB 50189—2015

《通用用电设备配电设计规范》GB 50055—2011

7.2 设计要求

(1) 隔离房间内的排风负荷不应低于二级，污水处理设备、消防设备、生活水泵及排水泵、电梯、在线消杀设施、卫生通过区的照明及通风设备、入住接待和结算办理区照明及入住接待和结算设备、安防系统负荷等级不应低于一级。

(2) 当项目有快建需求时，可在室外设置静音式柴油发电机组做备用电源。发电机组应自带 $1m^3$ 日用油箱，并留有供油接口。发电机从启动到提供稳定的供电输出时间不大于 15s。

(3) 弱电系统采用市电＋UPS＋柴油发电机（若有）供电，UPS 供电时长不低于 15min。

（4）配电系统宜按污染区、半污染区、清洁区独立设置，除隔离房间内的配电箱外，其他主要配电箱、柜应布置在清洁区内。

（5）公共区域应设置清洁插座。大堂、医废暂存间宜预留杀菌、消毒设备用的电源。应急期客房建议预留生命体征监测装置电源、微波雷达防跌倒探测器装置电源。

（6）应急期客房内的电源插座应采用安全型。污染、半污染区域选择不易积尘、易于擦拭的带封闭外罩的洁净灯具，不得采用格栅灯具。灯具采用吸（嵌）顶安装，其安装缝隙应采取可靠的密封措施。

（7）公共走道灯具开关面板设置位置遵循低污染区控制高污染区、清洁区控制污染区的原则。

（8）应急期客房的卫生间总排风机宜采用集中控制。

（9）应急期客房内一般活动区照度宜为100lx，书写、阅读区域照度宜为300lx，其他用房照度应符合现行国家标准《建筑照明设计标准》GB 50034的有关规定。

（10）有淋浴设施的卫生间应设置局部等电位端子箱。房间内一切外露可导电物体均应进行等电位连接。

（11）隔离场所的防雷与接地措施应符合现行国家标准《建筑物防雷设计规范》GB 50057的有关规定。

（12）线缆选择采用低烟低毒阻燃类线缆。

（13）线槽及穿线管穿越污染区、半污染区及洁净区之间的界面时，隔墙缝隙及槽口、管口应采用不燃材料可靠密封，防止交叉感染。隔离房间内电气设备的所有管路、接线盒应采取可靠的密封措施。

7.3 快速建设设计

（1）对于快建型项目，为实现快速交付，建议采用室外环网箱、箱变/室外变电站、箱式静音型柴油发电机组等设备。室外电缆沿电缆沟敷设至室内。箱式变电站、高低压柜和箱式静音型柴油电站在满足配电的要求下，须做到产品型号、规格一致。

（2）成组的箱变之间尽量不设置低压联络，对于重要负荷，由末端双电源切换箱实现两路电源之间的切换。

（3）水暖设备及专业性设备控制箱成套供应。

（4）避免选用技术复杂、调试漫长、货源稀少的电气产品。

（5）标准隔离单元内电气设备与管线宜在工厂安装，预留好与现场设备对接的接口，接口应标准化。

（6）对于格局一致的功能区，其配电及电气设备选型、管线安装应做到标准化。

（7）房间内部利用地板架空、吊顶及装配式墙体内部空间布置管线，减少电气与结构施工的交叉作业。当对美观性要求不高或对即时性要求较高时，可采用明装的PVC阻燃塑料线槽敷设。

（8）为便于线缆尽快到货，干线电缆规格尽量统一或减少规格种类。

7.4　平急转换设计

1. 对于平面点位的设计须考虑平时、应急两种情况，以便实现快速转换。

2. 突发公共卫生事件危机解除后，须拆除为应急专设的消防疏散指示标志。

3. 配电系统须按照平时、应急两种情况综合考虑，并留有适当的备用回路（至少含一个三相备用回路）。

第8章 智能化设计

8.1 设计依据及总则

8.1.1 设计依据

（1）《医学隔离观察设施设计标准》T/CECS 961—2021

（2）《大型隔离场所建设管理卫生防疫指南（试行）》

（3）《智能建筑设计标准》GB 50314—2015

（4）《民用建筑电气设计标准》（共二册）GB 51348—2019

（5）《综合布线系统工程设计规范》GB 50311—2016

（6）《公共建筑光纤宽带接入工程技术标准》GB 51433—2020

（7）《民用闭路监视电视系统工程技术规范》GB 50198—2011

（8）《安全防范工程技术标准》GB 50348—2018

（9）《视频安防监控系统工程设计规范》GB 50395—2007

（10）《入侵报警系统工程设计规范》GB 50394—2007

（11）《出入口控制系统工程设计规范》GB 50396—2007

（12）《数据中心设计规范》GB 50174—2017

（13）《建筑物电子信息系统防雷技术规范》GB 50343—2012

8.1.2 设计总则

快速建造：设计结合箱体吊装建筑、钢结构建筑、模块化的建设模式，打破传统智能化建设方案和施工工序，智能化采用匹配模块化建筑设计，全光网光纤到户、房间内智能化设备及管线工厂预制、核心机房模块化建设等方式实现快速建造。

机动灵活：智能化各子系统均具有良好的开放性和可拓展性，采用扩展性极强的PON网络架构及Wi-Fi 6设备，各子系统均可开放接口协议，根据需要接入一码通、酒店一体化管理平台。通过物联网搭建，酒店可按需灵活投入科技应急产品。

节能环保：通过建筑设备监控系统、智能照明控制系统、建筑能耗监管系统等智能化系统应用，并接入酒店一体化管理平台实现统一分析管理，实现节能降耗，预计节约设备运行能源20%～30%。

平急结合：智能化设计既要考虑酒店隔离的需要，又要结合平时的使用需求。

8.2　智能化系统总体设计

8.2.1　智能化系统配置表(表 8-1)

智能化系统配置表　　**表 8-1**

智能化系统		平急酒店	备注
信息化应用系统	一码通系统	●	
	平急酒店智慧管理平台	⊙	
	酒店经营管理系统	●	酒店运营方自建
	AI 机器人应用	⊙	酒店运营方自建
	智能卡应用系统	●	
信息设施系统	信息接入系统	●	
	布线系统	●	
	移动通信室内信号覆盖系统	●	
	用户电话交换系统	●	
	无线对讲系统	●	
	信息网络系统	●	
	有线电视系统	●	
	卫星电视接收系统	○	
	公共广播系统	●	
	信息引导及发布系统	●	
	时钟系统	○	
建筑设备管理系统	建筑设备监控系统	●	
	建筑能效监管系统	●	
	客房集控系统	○	
公共安全系统	火灾自动报警系统	●	
	入侵报警系统	●	
	视频安防监控系统	●	
	出入口控制系统	●	
	电子巡查系统	●	
	停车库（场）管理系统	●	
	应急响应系统	●	
机房工程	通信机房	●	
	信息网络机房	●	
	消防控制室	●	
	楼栋监控室	⊙	

注：●—应配置；⊙—宜配置；○—可配置。

8.2.2　一码通系统

通过一码通系统，隔离人员未入住酒店前，手机已接收入住相关信息，通过手机信息凭证直接办理入住，实现便捷入住，减少服务人员数量和减少人员聚集。

8.2.3 平急酒店智慧管理平台

住客信息化管理：通过一码通系统，酒店快速获取住客信息、相关出入境信息、航班信息、车辆运转信息并做好接待安排。住客采用“一人一档”的电子信息管理，通过系统关联、数据协同方式减少数据重复填报工作，详细信息需包括住客的基础情况、是否怀孕、医学转运记录、心理测量情况、隔离期间心理巡诊情况、核酸/抗原检测情况以及观察期体温、健康状况等。

平急酒店信息化管理：包括酒店概况、客房分布、入住情况、实时报警记录、住客体温跟踪及数据综合查询（人员、房间）、工作人员考勤及测温数据、作业完成情况等，实现对酒店标准化、数字化的管理，并将重要数据上传。

8.3 信息网络系统设计

8.3.1 管理网

1. 系统要求

(1) 实现项目 Wi-Fi 全覆盖（含客房、电梯轿厢），无线网络采用 AC+AP 管理方式。AP 按需配置蓝牙等物联网模块。科技应急产品接入无线网络后，应设置为固定 IP，并做好 IP 访问限制等安全防护措施。

(2) 网络安全应不低于等保 2.0 二级要求。设置内部防火墙，实现与网络之间互联互通。

2. 功能要求

满足工作人员办公网络、移动终端、核酸检测终端、科技应急产品（空气净化类设备、健康状态监测类设备、非接触即时通信终端、智能机器人、可视化终端等）接入网络。

3. 参数要求

无线网采用 Wi-Fi 6 技术，无线网络支持 802.11a/b/g/n/ac/ax。AP 可按需配置蓝牙等物联网模块，采用 POE 供电。

8.3.2 政务网

1. 政务外网建设

(1) 采用专线模式，项目本地信息网络机房按照就近原则敷设一条不少于 12 芯的光纤专用机房，使用规划：政务外网 2 芯，政务内网 2 芯，视频专网 4 芯，剩余预留给公安网、医疗网及备用。

(2) 政务外网主要给工作人员访问政务系统和办公使用，铺设政务外网到工作人员的楼层。每栋楼配置一台光纤汇聚交换机，楼层至少配置一台带光口的可管理接入交换机，具体数量以接入末端数量为准。

(3) 核心交换机具备高性能转发需求，楼栋汇聚交换机和楼层接入交换机具有增强的三层特性管理。

2. 政务内网建设

(1) 政务内网主要是视频会议使用，视频会议终端设备选型应考虑兼容性。

（2）政务内网配置独立的带光口的接入交换机，具有增强的三层特性管理。

3. 办公区无线网络规划

（1）办公区遵循统一的管理：通过 AP 实现不同终端的接入，针对接入的终端、接入的人员、变化的位置需要实现统一的接入管控认证平台，对用网人员身份进行准确识别，可实现接入者身份可信，可有效地将网络行为落实到具体人员，着重从上网行为审计记录、数据传输安全保障等加强网络安全防护。

（2）办公区遵循统一的上网认证界面。

（3）办公区便捷化登录认证：在一定时间范围内无感知连接上网，无须反复认证。

（4）统一运维：通过公共无线局域网认证管理平台，以可视化方式展现无线设备、上网信息等情况，统一运维管理，加强管理效率，完善 WLAN 网络日常运维管理保障机制。

（5）SSID 规划（Wi-Fi 名称规划）：综合考虑上网需求以及终端兼容性问题，同时开启 2.4GHz（兼容新旧设备上网）和 5GHz（高速上网）；开启 e-Luohu 和 LH-Gov。

8.3.3　公安视频专网

（1）在政务内、外网建设的基础上，增加敷设 4 芯光缆作为视频专网。视频监控存储平台需要支持国标 GB/T 28181 协议、HKSDK 协议或 DHSDK 协议。

（2）根据电子防控项目规定，如有外部网络接入视频专网，需要在接口处增加安全设备，安全设备需要一台可限制 IP 地址以及对其流量审查的千兆防火墙设备，或是支持独有的微匝安全策略仅允许视频流量通行的网关设备。

（3）技术要求

1）公共视频安全接入网关：千兆安全网关，用于外部网络入网政务视频专网 NAT 使用安全设备。公共视频安全接入网关在不改变原有监控资源规划的前提下对各类监控资源进行接入，同时解决不同监控资源私有网段的地址冲突、资源信息保护、接入后的安全性、访问策略等问题，快速整合多种资源。

2）视频接入服务：应急期间，接入前端视频设备至视频联网平台，根据补充规范要求配置镜头列表、图像名称、图像文字标注。视频联网平台接入支持国标 GB/T 28281 协议、HKSDK 协议、DHSDK 协议。

8.3.4　智能专网

1. 系统要求

（1）网络满足千兆接入、万兆上行。

（2）通过内部防火墙连接到管理网，可以统一管理。

2. 功能要求

设置智能专网，为智能化系统专用的网络，满足各个智能化子系统的数据传输需求。

8.3.5　客用网

1. 系统要求

（1）采用全光网架构。

（2）网络满足千兆接入、万兆上行。无线网络采用 AC＋AP 管理方式。

（3）网络出口应设置防火墙、身份认证识别、上网行为管理等安全设备及系统。

（4）单间、套房设置原则：每个房间配置不少于1个4口ONU安装于房间弱电箱内，不少于1个客用网AP。

2. **功能要求**

（1）网络服务功能：满足客房内移动终端接入网络，客房Wi-Fi覆盖。

（2）参数要求：无线网采用Wi-Fi 6技术，无线网络支持802.11a/b/g/n/ac/ax。采用PoE供电。

8.4 信息应用及设施系统设计

8.4.1 智能化卡应用系统

智能化卡应用系统包括集成出入口控制系统、电梯楼层控制系统、内部消费系统、考勤系统。系统应预留与上一级管理平台的标准通信接口并开放通信协议。

8.4.2 无线对讲系统

系统要求至少有4个独立信道（各频道之间互不影响），监控中心增设智能调度终端。无线对讲信号公共区域覆盖率为95%以上，重点区域必须100%覆盖。

8.4.3 公共广播系统

配置1套数字广播系统，每个楼层为1个广播分区，应急时用于呼叫或播放消息。

在应急指挥中心、监控室设置广播站，实现分区呼叫或播放消息等功能。

在处突岗设置寻呼话筒，实现呼叫功能。

广播系统与消防广播共用末端扬声器，当发生火灾时切换为消防广播。

8.5 公共安全系统设计

8.5.1 视频监控系统

1. **系统要求**

（1）设置公安视频专网。

（2）布点原则：隔离场所视频监控全覆盖，公共区域无死角监控，各出入口必须采用全高清人脸识别功能摄像机。外围出入口要结合现场环境加装视频监控摄像机，尽量满足门口视频延伸覆盖50m范围公共区域。楼栋外立面设置反向监控，选用带红外的摄像机。主要出入口采用红外热成像测温仪实现“无接触式远距”体温检测，迅速发现体温异常人员并自动报警。设置周界视频监控系统，实现越线报警。

（3）医疗废物贮存间、拉运作业区域、运输通道要安装视频监控，确保无死角，视频信号正常稳定，视频信号需联网至深圳市固体废物智慧监管平台。

（4）按需设置应急指挥中心，设于生活区，指挥中心设置监控大屏，可以实时在大屏上展示和管理视频监控系统平台。

（5）楼栋监控室集中设于生活区，设置监控电视墙、操作台、呼叫话筒、对讲设备等，实现视频巡查、呼叫等功能。每栋监控室建筑面积不小于20m^2，设置不小于3×3的55寸监控电视墙和工作站，不少于2个操作位。

（6）视频处突岗设置显示屏及管理终端，通过视频监控平台授权，实现污染区、清洁区视频“双岗”监控。

（7）防疫区域视频数据存储时间不少于30d。

2. 功能要求

（1）AI视频分析平台：智能AI事件汇聚，对AI事件进行统一管理、统计，建立扁平化管理机制，形成针对各楼栋视频监控的异常事件的监管，有效监督隔离场所防护政策落实情况，实现事件预警：①人员出现异常告警；②未戴口罩告警；③防护服敞开告警；④一脱间、二脱间走回头路告警；⑤一脱间、二脱间人数超限告警；⑥垃圾桶满溢告警；⑦垃圾桶开盖告警；⑧工作人员手摸口罩、面罩告警；⑨公共区域乱扔垃圾告警；⑩工作人员玩手机告警；⑪工作人员离岗检测等。

（2）视频监控系统平台通过权限设置，可以实现多地操作终端监控和管理功能。

（3）系统应预留与上一级管理平台的标准通信接口并开放通信协议。

3. 摄像机参数要求

（1）污染区楼层摄像机增加移动侦测功能，带音频接口并配置拾音器，可采用摄像机内置或外置拾音器的方式。

（2）一脱间、二脱间区域摄像机带语音对讲功能。

（3）广播系统未覆盖区域，摄像机增加语音播报功能。

（4）未设置24h照明区域，摄像机带夜视功能，保证视频画面清晰。

8.5.2　出入口控制系统

1. 系统要求

（1）非接触式出入口控制：采用二维码及IC卡识别的非接触式识别认证方式。

（2）布点原则：出入口控制应根据服务、管理流程和隔离单元设置。在各栋主要出入口、各层楼梯间出入口、屋顶层出入口、工作人员办公室、重要设备房等设置门禁。房间采用联网型智能门控。当火灾报警时，应通过联动控制相应区域的出入门使之处于开启状态，解除门禁控制。设双向门禁时，应设置破玻按钮。

（3）工作人员管理：在工作人员出入小区通道设置人脸＋IC卡/健康码＋测温通道闸，实现出入管控及考勤管理，考勤、测温数据实时上传至隔离场所管理系统。

（4）如项目投入智能机器人应用，机器人行动轨迹中的门需加装电动开闭门装置，实现自动开闭门要求。

2. 功能要求

（1）门禁系统应与智能机器人调度平台对接，实现自动开闭门要求。

（2）系统应预留与上一级管理平台的标准通信接口并开放通信协议。

3. 参数要求

采用不低于二维码＋IC卡识别的读卡器/智能门锁。

8.5.3 房间电子门锁系统

隔离房间采用非接触式通行管控原则。在每间客房设置联网门控，采用二维码及IC卡识别的非接触式控制方式。

8.5.4 电梯楼层控制系统

1. **系统要求**

(1) 电梯楼层控制系统是对乘坐电梯的人员进行严格的权限认证，使得只有经过授权的人员才能使用电梯上下，实现对人员垂直方向的管控。

(2) 非接触式乘梯：系统通过电梯轿厢内的二维码及IC卡读卡器识别认证后免按键选层，实现非接触式通行，电梯实现语音报层。

(3) 系统涵盖所有电梯。

(4) 电梯厂商配合：提供电梯楼层控制系统的随行电缆、二维码及IC卡读卡器的开孔，配合系统设备安装及调试，并为系统设备提供220V电源。

(5) 当发生紧急情况时，联动释放电梯楼层控制。

2. **功能要求**

系统应预留与上一级管理平台的标准通信接口并开放通信协议。

8.5.5 可视对讲系统

1. **系统要求**

(1) 非接触式每日问询管理：监控室、服务中心设置可视对讲管理机，客房通过室内对讲分机与监控室、服务中心之间实现双向可视对讲。

(2) 应急期住客异常外出报警：房间门设置门磁报警器，门磁信号接入室内可视对讲分机，报警信号传送至监控室，门磁报警信号联动视频监控系统弹出报警画面，工作人员及时获取隔离人员出入异常信息，实现快速处理。

(3) 客房紧急报警：卫生间应设置紧急呼叫按钮（拉线报警器），安装于便器旁，距地600mm。床头设置紧急报警按钮。紧急报警信号接入室内可视对讲分机，报警信号传送至监控室，工作人员及时获取隔离人员报警信息，实现快速处理。

2. **功能要求**

(1) 可视对讲系统与智能机器人（如有）调度平台对接，实现房间送餐呼叫功能。

(2) 系统应预留与上一级管理平台的标准通信接口并开放通信协议。

3. **参数要求**

系统增设客房通过室内对讲分机与监控室、服务中心之间实现双向可视对讲功能。

8.5.6 应急响应系统

1. **系统要求**

(1) 应急指挥中心按照全区应急指挥中心标准建设，方便驿站管理专班及指挥专班进行相关调度。

(2) 应急指挥中心建设智慧管控平台：集约联动AI视频分析平台、门禁系统、广播系统、视频监控平台、健康监测平台等第三方相关系统，打造不同层级指挥驾驶舱，实现各级指挥调度。

(3) 应急指挥中心设置大屏显示系统：大屏作为日常和应急指挥调度，实现实时预警分析等工作使用。

(4) 远程视频会议系统：按照远程视频会议网络及软硬件设备常规要求设置，指挥中心室中搭建一套简易便捷、声画稳定的视频会议系统，并接入指挥中心系统，保障各类远程视频会议。

2. 功能要求

(1) 系统对各类危及公共安全的事件进行就地实时报警，采取多种通信方式对公共卫生事件和社会安全事件实现就地报警和异地报警、管辖范围内的应急指挥调度、事故现场应急处置等；接收上级应急指挥系统各类指令信息；建立各类安全事件应急处理预案。

(2) 指挥中心预留与上一级应急响应系统信息互联的通信接口。

8.6　机房工程设计

机房工程设计规划要求见表 8-2。

机房工程设计规划要求　　**表 8-2**

<table>
<tr><th>序号</th><th>站房名称</th><th>面积（m^2）</th><th>净高要求（m^2）</th><th>地面等效均布活荷载（N/m^2）</th><th>选址要求</th></tr>
<tr><td>1</td><td>应急指挥中心</td><td>≥120</td><td>≥3.5</td><td>≥10</td><td rowspan="4">机房不应设置在厕所、浴室或其他潮湿、易积水场所的正下方或与其贴邻；机房应远离强振动源和强噪声源的场所；机房应远离强干扰场所，如变电站等；机房应远离易燃易爆场所</td></tr>
<tr><td>2</td><td>各栋监控室</td><td>≥20，其中每个工位面积≥4</td><td>≥3.0</td><td>≥10</td></tr>
<tr><td>3</td><td>信息网络机房</td><td>≥80</td><td>≥3.0</td><td>≥10</td></tr>
<tr><td>4</td><td>UPS 机房</td><td>≥60</td><td>≥2.5</td><td>≥16</td></tr>
</table>

应急指挥中心、各栋监控室、信息网络机房等设于清洁区内，需经常维护的管理设备尽量设于清洁区内，减少交叉感染的机会。

由清洁区配至污染区和半污染区的管线、桥架，在穿越区域交界处时均用不燃材料可靠密封，防止交叉感染。由走廊至隔离房间的弱电管线在管口末端亦须可靠密封。

8.7　科技应急设计

设计应为满足科技应急产品的投入使用预留条件。

8.7.1　空气净化类设备

电梯专用净化消毒设备：部署区域为所有电梯。网络要求：无线网络（支持 2.4GHz，5GHz，无二次密码验证、信号强度－65dBm 以上）。其他安装要求：电梯内预留一个电源二三插。

空气消毒机：部署区域为所有医废暂存间、一脱间、二脱间。网络要求：无线网络

（支持 2.4GHz，5GHz，无二次密码验证、信号强度－65dBm 以上）。其他安装要求：贴天花板安装，安装处设置电源二三插。

8.7.2 行李消毒安检类设备（按需部署）

二氧化氯全方位喷雾轨道消毒机：部署区域为所有楼栋大堂。取电要求：功率按照 4.5kW 向上取整，按照就近取电原则，如一脱间、二脱间在附近，可考虑从一脱间、二脱间电源柜取电。其他安装要求：按照长 8m×宽 2.5m 区域规划；建筑物可防台风、遮雨，优先选用大堂区域，若搭建雨篷或玻璃房需层高 2.5m 以上。

通道式 X 光机：部署区域为所有楼栋大堂。取电要求：功率按照 4.5kW 向上取整；按照就近取电原则，如一脱间、二脱间在附近，可考虑从一脱间、二脱间电源柜取电。其他安装要求：按照长 8m×宽 2.5m 区域规划；建筑物可防台风、遮雨，优先选用大堂区域，若搭建雨篷或玻璃房需层高 2.5m 以上。

8.7.3 智能机器人（按需部署）

根据拟投入智能机器人（如消杀机器人、送餐机器人）的行动轨迹，途经的门需要安装电动开、闭门器。电梯应满足机器人自动呼梯、乘梯的对接要求，门禁应满足联动开、关门的对接要求。系统应预留与机器人调度管理平台对接的通信接口，开放通信协议。

8.7.4 保安可视化终端（按需部署）

按照安保人员人手一台或每个岗位一台的标准，配置可视化终端及相关配套设备系统（如耳麦、后台管控系统）。可视化终端具备对讲机对讲、位置定位、打卡签到、录音录像等功能。要求执勤的安保人员必须佩戴可视化终端，相关音视频数据都要汇总到集成管控平台。智能化预留无线网络接入条件。

8.7.5 房间健康状态监测类设备（按需部署）

体温监测仪：部署区域为隔离房间。网络要求：无线网络（支持 2.4GHz，5GHz，无二次密码验证）和蓝牙。其他安装要求：房间内安装，预留电源二三插。

生命体征监测仪：部署区域为特定人群房间，按需部署不同类型的生命体征监测仪。网络要求：无线网络（支持 2.4GHz，5GHz，无二次密码验证）。其他安装要求：房间内安装，预留电源二三插。

8.8 快速建设设计

项目优先采用模块化设计。

1. 在工厂生产的 MIC 箱体，户内的弱电管线须在工厂内安装敷设，预留好与现场设备对接的接口，接口应标准化，减少后期现场安装阶段的施工工作量。

2. 弱电设备、管线安装等需满足以下要求：

(1) 弱电插座、对讲设备、紧急报警按钮等户内弱电设备安装宜在工厂内安装，如需现场安装，需在工厂定位安装设备底盒，并在底盒内预留相应线缆。

（2）管线安装敷设尽量利用吊顶和墙体内部空间。

3. 公共区域弱电线槽的安装布置需应用 BIM 技术综合统筹考虑。

8.9　平急转换设计

智能化建设既要考虑酒店隔离的需要，又要结合应急期后的使用需求。基于全光网方案建设，房间内安装 ONU 设备，在建设阶段节省 90％布线，后期可快速扩展、调整信息点位，其他智能化系统可直接复用（如安防系统、广播系统、电子门锁系统等）。

智能化系统设置及设备选型须同时满足应急与平时的功能要求，平急转换时避免增加改造成本。

第9章 景观设计

9.1 设计原则

人性关怀：酒店景观环境充分考虑隔离人员的心理需求，以大量绿植景观为主，从视觉上弱化园区区域划分，营造自然疗愈的景观氛围。

有益健康：采用消毒杀菌、净化空气的树种，如香樟、柚子树等，构建保健型植物群落，促进隔离人员的身心健康。

快速建造：园建设计以直线简洁构图，减少材料切割；围墙模块化，组件可在厂家加工，现场安装；材料选择上以快速铺设优先，兼顾效果；植物设计以速生植物为主，快速营造效果，便于后期运营与改造。

9.2 重点功能区域设计

主入口大门：采用开敞通透风格，分别设置车行、人行出入口，车行出入口必须满足转运大巴转弯需求，结合电子自动道闸统一考虑。出入口设置岗亭，岗亭大门位置需结合工作人员流线综合考虑。

围墙及内部防护：外部围墙采用栏杆式，高度不低于 2.0m，设计语言有节奏韵律及虚实对比，围墙外侧种植植物并考虑其变化性。考虑快速建造要求，栏杆标准段化，厂家加工，现场安装。园区内部隔离区与配套区之间设置重型绿篱，从空间上将两个区域分开，避免人流交叉感染；在隔离区与生活区设置轻型绿篱，加强视线隔离、空气隔离、卫生隔离。

大堂入口广场：为便于消杀管理，满足大巴车停靠、回转及隔离人员落客、排队、等候、行李消杀等空间需求，采用大面积硬质景观铺地。

内院：为便于隔离期间酒店消杀管理，酒店内部庭院设计以硬质铺装为主，后期运营可根据需求设置可移动式景观。

设备：室外配电箱及平台设备外围设置绿化遮挡，视觉上弱化设备形态。

9.3 平急功能转换

应急时期，为保证隔离人员居住期间园区环境卫生、易于消毒，景观设计预留大量广场、院落、空地，应急时期景观注重观赏性，用良好的视觉景观环境改善人的心理。

应急期结束后可转换为常规酒店，届时可根据酒店运营需求，增加近人尺度的景观小品，打造安静、舒适的体验性景观。

9.3.1　总平面布局

园区主入口对应急车辆和工作人员车辆出入口进行区分，工作人员出入口设置人行通道，应急车辆入口仅用于车行，不设置人行通道。工作人员流线独立设置，污染区流线不得进入生活区，尽可能减少两个区域的流线交叉。

9.3.2　竖向设计

遵循原有场地竖向，通过下沉草坪的方式丰富竖向关系。道路由中心向两侧找坡，两侧设置线性暗藏式排水沟，避免道路排水进入绿化。绿化竖向由建筑向道路找坡。中心草坪设置排水盲管，避免施工过程中因不平整导致的积水现象。

9.3.3　材料应用

为实现快速施工，原则上不使用超规格材料，选取周边市场易采购材料，减少块材铺装面积，大面积使用现浇铺地方式，加快施工进程。

中央草坪区域、建筑中庭区域等重点节点区域采用花岗石铺装，车行区域采用沥青铺地，人行区域采用透水混凝土铺装。

景观立面采用生态环保的仿石砖干挂，缩短施工周期。

9.3.4　亮化设计

需满足园区夜间照明需求，除主入口、中央下沉草坪区域外，不额外设置泛光照明，以庭院灯、草坪灯为主。庭院灯结合热学、光学原理，达到最大的节能、光照效果，造型简洁时尚，并且很好地整合标识功能，实现灯具与标识的多杆合一，车行流线及建筑入口均需满足照度需求。

9.3.5　给水设计

给水采用自动喷灌，根据土壤湿度控制给水结合人工取水的方式，减少应急期间运维养护人员的投入。

9.3.6　植物设计原则

康体疗愈：选择抑菌类、杀菌类植物，可有效吸收有害气体。

疏朗透风：以大树草坪，疏林草地的植物空间为主，营造开敞的空间，引导隔离人员放松心情。

耐盐碱、抗风：选用抗性强、耐盐性强、根系发达，适合华南沿海种植的品种。

易于实施：选择周边苗源多、易于养活的品种，方便施工和管养，并兼顾效果。

第10章 标识设计

10.1 标识设计原则

应急酒店标识设计，目前没有完整系列的标准参照，因此，须在满足国家、省、市相关标准的基础上，结合项目进行深化设计制定该原则，形成标准和体系化标识专篇。

10.2 建立标准化的平急酒店标识体系

标准化设计。标识的数字和符号命名系列化、标识色彩系列化，参考现有应急管理规定及酒店管理，形成国际酒店标准规范（表 10-1、表 10-2）。

标识设计原则 **表 10-1**

序号	标识类别	标识类型	标识彩色应用		工艺说明
			标识主体	文字内容、图标	
1	园区车行交通类标识	1. 园区大巴人口通道指引标识（立式） 2. 园区道路分向指引标识（与路灯结合） 3. 楼栋前大巴停靠区标识（与路灯结合或立式）			采用不锈钢造型灯箱、反光贴膜 UV 打印、文字正面发光
2	园区常规导示标识（户外）	1. 楼栋号标识（幕墙） 2. 楼栋号标识（门头） 3. 人行指引标识立牌（地图索引、分引指引、景观提示功能标识等）			采用不锈钢造型灯箱、信息丝印、字发光
3	园区常规导示标识（室内）	1. 室内形象墙楼栋号（立体字背光） 2. 电梯厅楼层号（立体字背光） 3. 走道内人行指引（立体字） 4. 客房单位号（附墙牌字镂空发光）			采用不锈钢造型灯箱、信息丝印、字发光

续表

序号	标识类别	标识类型	标识彩色应用		工艺说明
			标识主体	文字内容、图标	
3	园区常规导示标识（室内）	5. 大堂洗手间指引标识（附墙牌字发光） 6. 男女图标（立体字） 7. 设施功能标识（立体字或牌） 8. 疏散逃生地图			采用不锈钢造型灯箱、信息丝印、字发光
4	综合门诊部标识	1. 户外形象标识（立式、信息发光） 2. 形象墙标识（立体字背发光） 3. 挂号、缴费标识（导牌字发光） 4. 诊室、检查、治疗室（附墙牌字发光） 5. 地面地膜指引标识			采用不锈钢造型灯箱、信息丝印、字发光； 可移贴膜 UV 打印
5	应急防控管理标识	按“三区两通道”进行分类应用			结合常规标识造型使用，采用可移贴膜 UV 打印；部分标识采用经济性材料制作

应急防控管理标识 **表 10-2**

类别		人员分区	流程、区域	常规类标识（平）	服务类[1]标识（应急）	安全管理类[2]标识（应急）	说明
污染区	1.1	入住流线（户外）	1. 园区入口隔离人员车辆专用通道地面标识 2. 落客区（行李消杀、排队等候、安检、测体温）				
	1.2	入住流线（室内）	1. 入住办理 2. 乘梯 3. 客房			客间内	
	1.3	退房离开流线	1. 乘梯 2. 退房手续办理 3. 离开、接送				
	2	服务人员（污染区）	1. 一更区、二更区 2. 一脱间、二脱间 3. 乘梯 4. 服务 5. 操作流程				

续表

类别		人员分区	流程、区域	常规类标识（平）	服务类①标识（应急）	安全管理类②标识（应急）	说明
半污染区	3	服务人员（半污染区）	1. 快件饮食物交接 2. 医疗废弃物垃圾清运处理 3. 布草清洗 4. 安保门卫 5. 操作流程		●●	●●●	● 快件饮食物交换 ● 布草、医疗废弃物
	4	服务人员（卫生通区）	1. 一更区、二更区 2. 一脱间、二脱间 3. 沐浴间、卫生间		●●	●●●	
清洁区	5	服务人员（生活区）	1. 宿舍 2. 食厅 3. 管理用房、办公 4. 操作流程	●●	●●	●●●	

①应急管理有关，提示提醒、功能类标识；

②应急管理有关，提示提醒警告、功能类标识。

建设用地两个地块，隔离人员酒店区为潜在污染区及污染区，服务人员区为洁净区，其中多层酒店区标识为A区、高层酒店区标识为B区、服务配套生活区标识为C区，以便更好地进行分区引导（图10-1）。

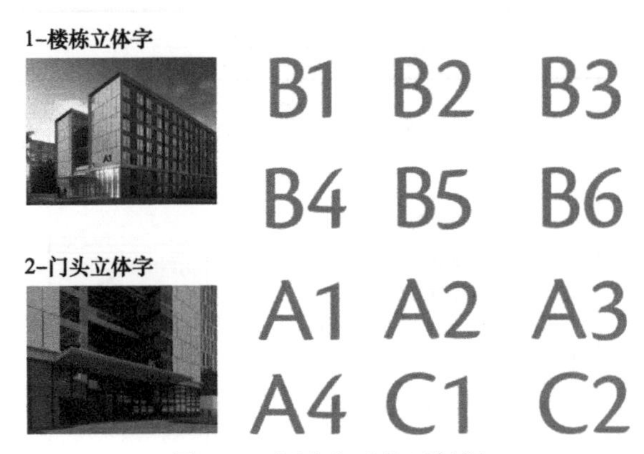

图10-1　酒店各功能区标识

园区主次入口设置酒店形象Logo标识及分区指引；根据酒店管理方VI形象进行应用，采用不锈钢立体字形式，正面发光工艺，色温为暖白或正白（5000～6000K），支杆立地安装（尽量减少支架）。

园区入口分为转运专用通道、服务人员专用通道、污物专用通道，地面及道闸都进行分色专属指引（图10-2）。

园区内交通强化转运大巴无人引导的标识性，每楼栋在建筑不同方向的山墙面、前后大堂入口雨篷设置楼栋标识（其他幕墙标识字高为1500mm，雨篷标识字高为1000mm），安装高度及标识大字充分考虑大巴快速通行的可视性，同时考虑夜间发光满足平急酒店全天24h服务的需要（图10-3）。

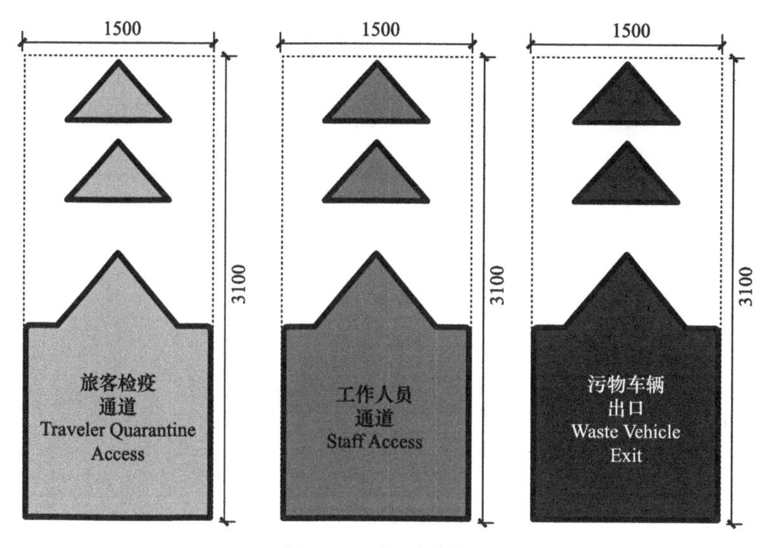

图 10-2　各通道标识

图 10-3　园区楼栋标识

建筑楼栋编号顺序根据交通行驶习惯从近到远、先左后右进行编排。

转运大巴采用单线原路返回交通流线，在道路两侧结合路灯灯柱设置分向指引标识牌，标识牌设计直接采用箭头造型，信息版式简化信息传播性，采用夜间发光模式，标识灯柱同色，很好地结合为一个整体（图 10-4）。

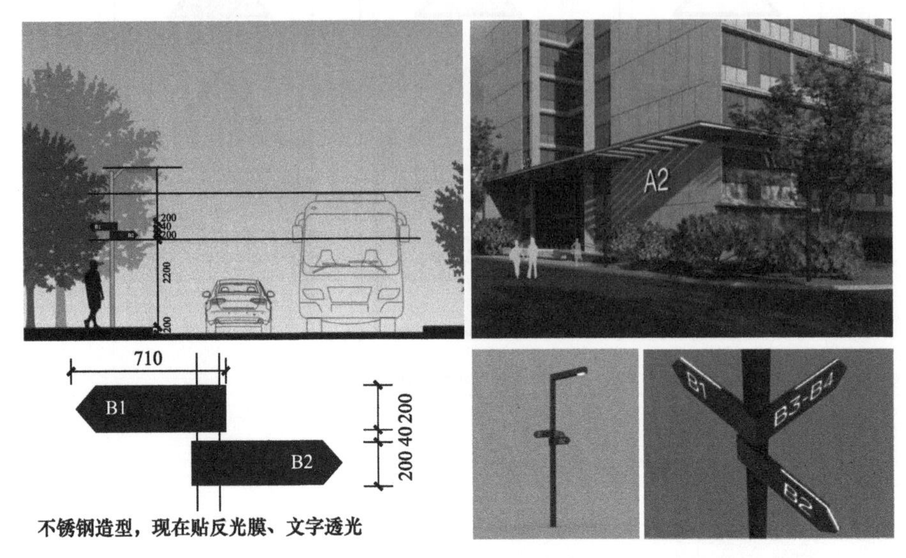

图 10-4　园区标识牌设计

整个标识系统采用系统性的彩色应用规划，其中把车行交通、常规人行标识、服务人员、平急防控、医疗及安全管理几类主要使用人群进行分类分色规划（车行交通采用深灰色底反白字、常规人行标识根据平急酒店的定位和环境特质使用黛绿色底反白字、服务人员及医疗门诊采用绿松石蓝底反白字，应急标识采用国际通则、国家标准《安全色》GB 2893—2008）（图 10-5）。

一体化设计。室内外一体化设计，参考现有平急酒店、隔离设施、应急基本医疗设施、三星级酒店等酒店。

人性化设计。充分考虑标识的尺寸及样式，保证高醒目度、高识别性、高可视性，打造便于各类隔离人员识别的数字及符号体系，便于服务管理人员规范化操作的数字及符号体系（图 10-6）。

标识设计整体风格根据酒店平急转换的定位，采用简约设计语言元素，突出酒店的定位，同时考虑隔离人员使用舒适性和人文关怀，强化应急、医疗属性，充分考虑防疫消杀的需要，简约造型减少隐藏病毒的潜在性；标识材料应用上，根据不同的酒店后期使用定位及装饰风格设计选择不同，会展国际酒店采用实心阳极氧化喷砂工艺金属铝简约造型，便于快速制作加工，整体质感比较雅致高级，同时便于消杀和清洁；生态国际酒店采用实心亚克力板造型整体烤漆，便于快速制作加工，有效控制成品；其他设施、功能房标识尽量采用统一规格，便于快速制作加工（图 10-7）。

信息内容采用国际通用的双语模型及以国际通用的数字编号为传播主体，突出高识别性，应急标识双语需采用规范医学用语，简易中英文表达方式，具有规范性、准确性（表 10-3）。

车行交通标识色彩

此色彩用于园区内车行交通指引标识(文字为白色)

常规标识色彩

此色彩主要用于园区室内外常规永久性标识，满足平急功能转换的要求

服务人员标识色彩

此色彩主要用于应急期间管理、医务医疗专用标识(半临时或临时性)

应急、医疗、安全类标识色彩

国际通则、国家标准《安全色》GB 2893—2008

*代表警告、注意

*代表禁止、停止

*代表污染

*代表安全状态、通行

*快件饮食物区

图 10-5　标识系统色彩

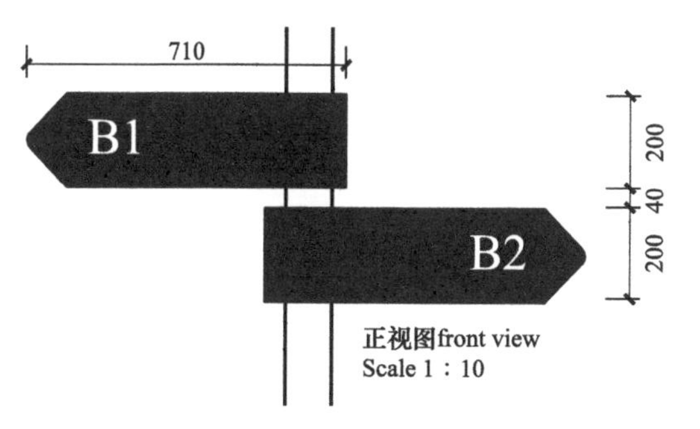

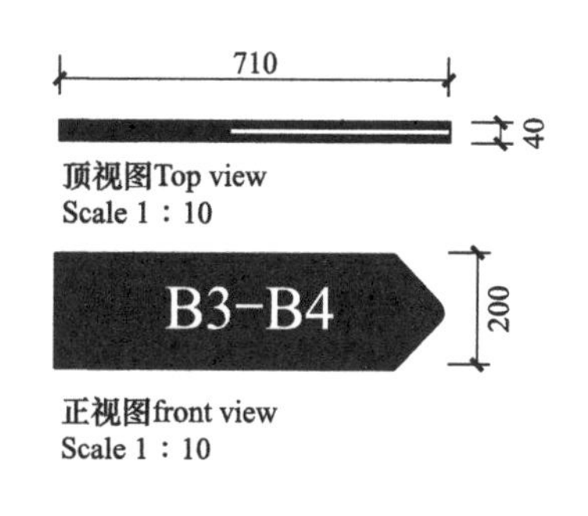

图 10-6　一体化标识系统

图 10-7　标识整体风格

应急标识语言　　　　**表 10-3**

一 I	应急标识（室外）		
		卫健委专家意见修改	卫健委专家建议（补充）
地面 Floor	F01	隔离人员通道 Quarantined personnel access	旅客检疫通道 Passenger Quarantine access
	F01	工作人员通道 Staff access	

续表

一 I	应急标识（室外）		
		卫健委专家意见修改	卫健委专家建议（补充）
地面 Floor	F01	污物车辆出口 Waste vehicle exit	
	F01	污物车辆入口 Waste vehicle entrance	
	F02	大巴停车区 Bus parking area	
	F03	行李消毒区 Luggage disinfection area	
	F03	排队等候领取个人行李物品过机安检，请勿遗忘随身物品。Please wait in line to receive your personal luggage，then put it on the security inspection machine for examination. Don't forget your belongings.	
	F03	自觉排队，间隔一米。Line up properly，keeping a 1 meter distance	
	F03	请将行李放在红色区域内以便进行消毒，贵重物品随身携带。Please put your luggage in the red area for disinfection，and take your valuables with you.	
	F04	等候区 Waiting area	
	F04	排队间隔一米 Line up 1 meter apart	
	F05	货物交接区（食物、快递、物品）cargo handover area	
	F06、F07	隔离人员（入住）Quarantined personnel access (check-in)	您已进入潜在污染区，请确保做好二级防护，穿防护服。You have entered the potential contaminated area. Please take secondary protective measures，and wear protective.

10.3 重点功能区域人流、物流标识专项深化

酒店大堂门口的区域及行为规范标识：大巴停靠→行李消杀→人员等候、货物交接等（图10-8）。

隔离人员流线：落客区域→入住办理→电梯→房间→隔离人员离开房间→电梯→大堂→门口乘车，参照现有平急酒店及酒店管理公司要求；彩色应用按整体设计规划及应急管理原则，根据国家、省、市相关标准要求设置，同时根据风险等级进行匹配（图10-9）。

耐擦拭消毒的材料需在使用过程中易于更换。

综合门诊部及健康诊疗中心：五项基本医疗参照医院及社康标准，发热诊室部分参照市属公立医院发热诊室，健康诊疗中心参照市属公立医院心理门诊；色彩规划上，专科门诊采用医疗属性的蓝绿色、应急诊室为白底红字（尽量不采用大面积红色）（图10-10）。

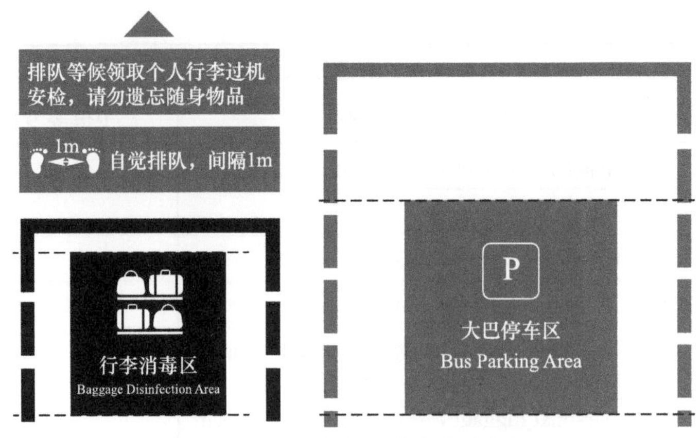

图 10-8　行为规范和货车停车标识

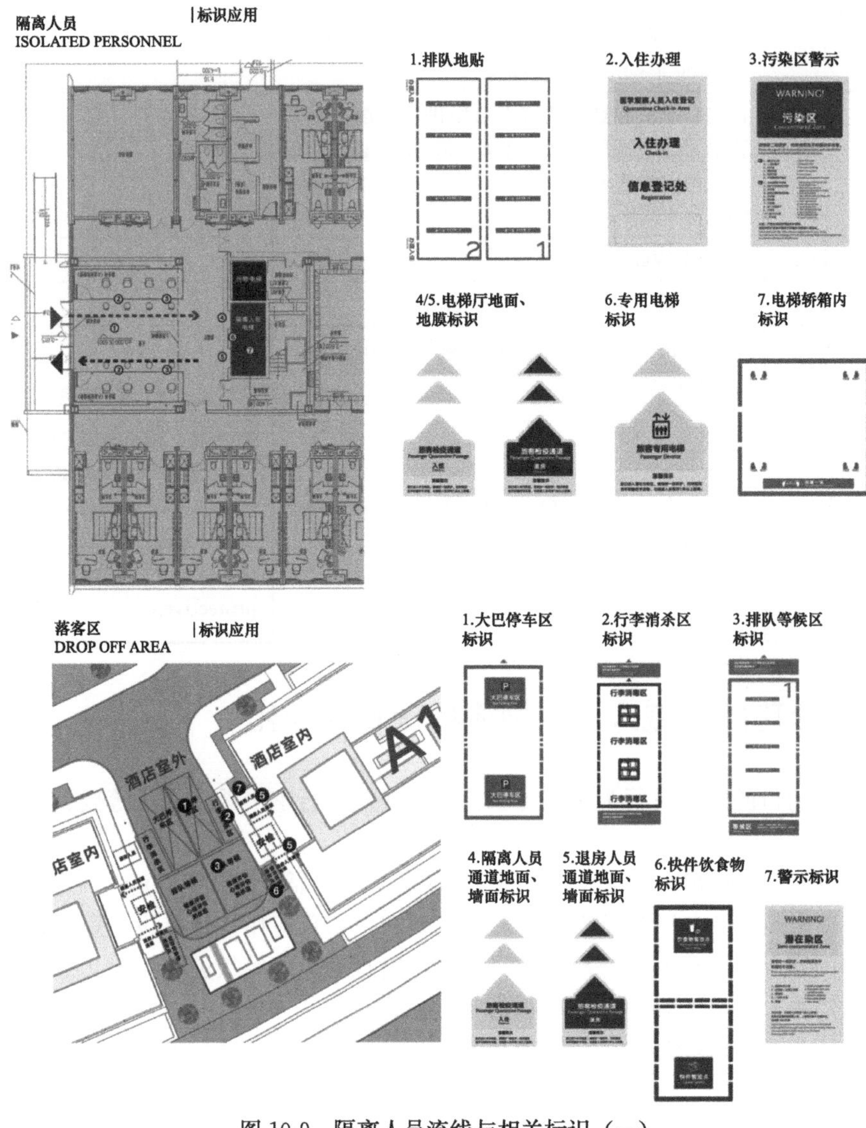

图 10-9　隔离人员流线与相关标识（一）

图 10-9　隔离人员流线与相关标识（二）

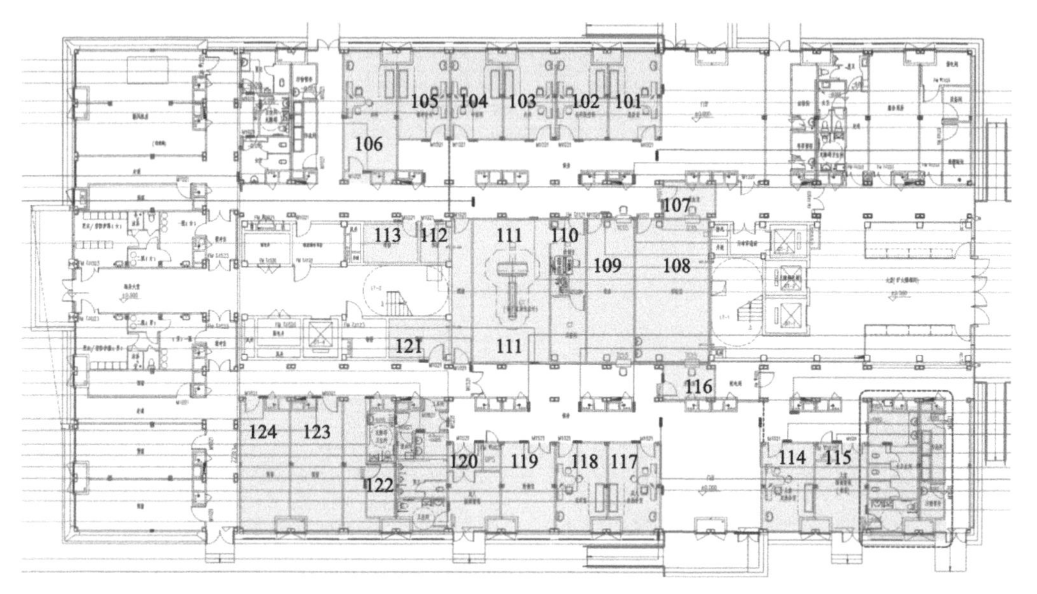

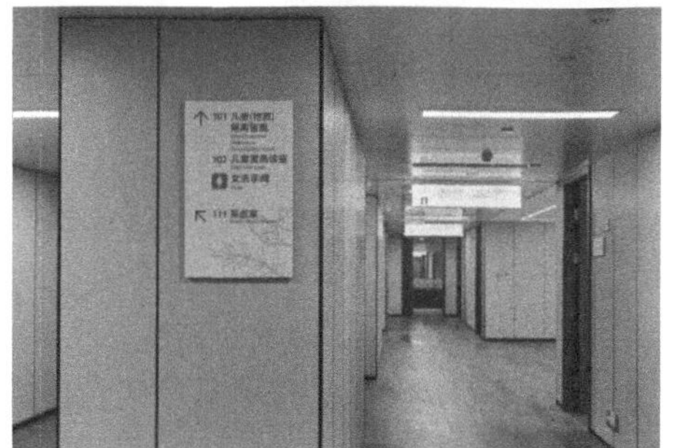

图 10-10　综合门诊部及健康诊疗中心标识

吊牌采用灯箱板贴膜材料便于后期更换，降低更换成本；门牌编号与信息牌采用可分离拆卸结构，便于后期使用更换；标识整体采用简洁平面造型，便于消杀和清洁。

医疗废弃物垃圾收集：参照医院及现有平急酒店标识。

餐厨及布草：参照现有平急酒店并结合相关三星级酒店功能（图 10-11）。

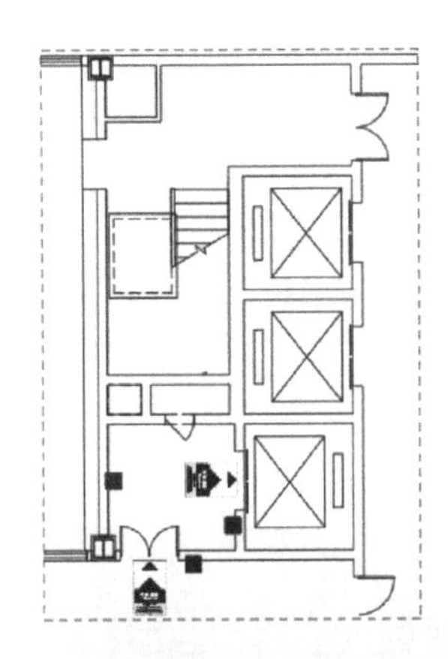

图 10-11　污物标识

卫生通过区：参照现有平急酒店及传染病医院要求（图 10-12）。

二脱标识

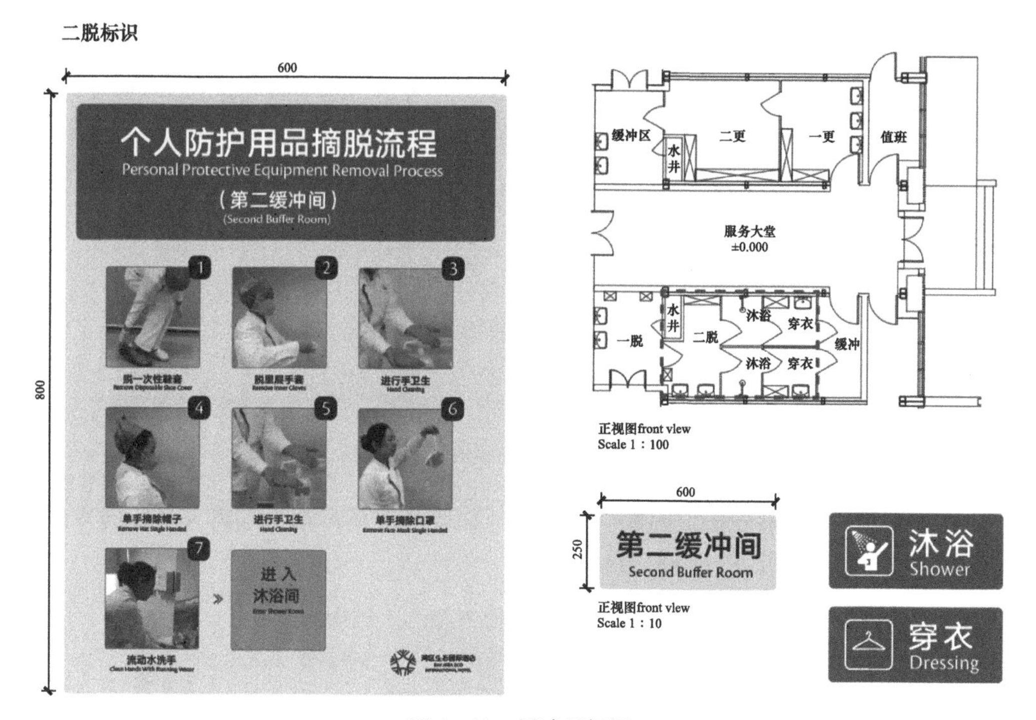

图 10-12　缓冲区标识

10.4　平急功能融合

平急转换永临结合：采取固定底座加可更换贴膜方式，贴膜材料需耐久、易于更换，并满足夜晚可视性要求（图 10-13）。

园区内交通标识：地面画线结合市政道路交通及消防规范要求进行标识设计，重点区域需设置减速带、人行斑马线、消防禁停标识、消防车登高操作面等。

图 10-13　标识贴膜方式（一）

图 10-13　标识贴膜方式（二）

引导流线可根据管理专班实际需求，加强地面服务人员车辆、隔离人员运转车辆、作业车辆引导的分色流线设计（图 10-14）。

图 10-14　车流引导流线

室外标识牌设计应融合夜间照明功能：楼体编号标识可采用背面发光或正面发光，不对客房造成光影响，尽量采用背面发光的形式；道路交通标识采用不锈钢烤漆工艺，牌面信息简练，字体采用无衬线黑体 DINPro、Arial，尽量大；背面发光工艺需在背面衬乳白色灯板以确保光线均匀柔和，深色标识牌信息采用乳白色灯箱板，浅色标识牌采用黑白透光板，光源采用 LED 灯模组色温为暖白～正白（5000～6000K）；局部元素可以采用彩色灯光（图 10-15）。

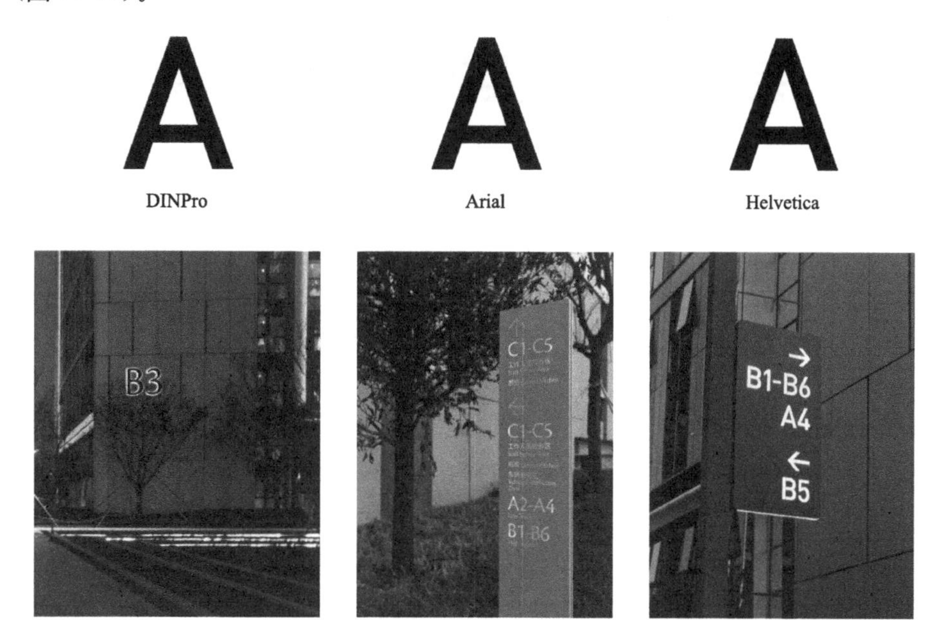

图 10-15　室外标识牌设计

第11章 装配式建筑实施方案

大型模块化平急酒店项目应满足相关装配式建筑政策要求，在项目前期阶段，根据政策要求、项目定位、建设规模、成本限额、效率目标及外部影响因素等进行项目整体策划，以确定装配式建筑实施范围、合理的装配式技术指标及初步的技术实施方案。在项目设计阶段，各专业及专项进行同步设计，设计、生产、施工、管理等单位进行协同工作，利用BIM信息技术，整合建筑、结构、设备、部品、室内、施工组织设计、模具设计、构件生产等各单位相关内容，进行系统集成化、一体化设计。设计要以安全、经济、合理为原则，考虑施工组织流程，保证各施工工序的有效衔接，提高效率。工程总承包单位应综合构件、模具、塔式起重机、外架、构件生产等相关内容，提前配合装配式建筑实施方案编制及构件深化图设计工作。项目建设过程中，建设单位（或工程总承包单位）应严把质量关，遵循验收制度原则。下面将以某工程为例，对装配式建筑的设计、主体结构工程、围护墙与内隔墙、穿插流水施工、信息化管理、安全专项施工方案等内容进行介绍。

11.1 管理工作机制

11.1.1 项目管理模式

（1）为了保证装配式项目从设计到施工的顺利实施，由建设单位牵头邀标行业内装配式经验丰富的相关设计、生产、施工、监理等单位。

（2）建设单位根据装配式建筑工程的特点与要求，总体协调全面工作。在工程建设的全过程中，建设单位承担装配式建筑设计、钢构件生产、施工等各方之间的综合管理与协调责任，建立各单位协同合作工作机制，高效推进各方之间的紧密协作。

（3）建立项目管理团队及协同平台。为保证装配式项目的顺利实施，建设单位组建工程管理团队，组织主要技术负责人与专业负责人进行装配式建筑专项相关培训学习。通过建立月、周与专项例会制度、组建工作群等工作机制，成立协同平台来统筹协调参建各方的协同工作。

11.1.2 各参建单位职责

1. 建设单位

负责建筑质量标准、工期、成本投入管控；实行项目建设全过程的宏观控制与管理，负责办理工程开工有关手续；协调参建各方关系，解决工程建设中的有关问题，为工程建设施工创造良好的外部环境；开展施工过程的节点控制，组织工程交工验收等。

2. 设计单位

受建设单位委托，根据工程设计合同，并按照国家标准规范，负责工程初步设计和施工图设计，向建设单位提供设计文件、图纸和其他资料；派驻设计团队参与工程项目的建设，进行设计图纸交底和图纸会审，配合建设单位进行各种行政报审报批工作；做好施工配合设计服务，及时签发工程设计修改变更通知单，参与各项工程验收等。

3. 监理单位

进行工程建设合同管理，按照合同控制工程建设的投资、工期、质量和安全；协调参建各方的内部工作关系；及时按照合同和有关规定处理设计变更；设计单位的有关通知、图纸、文件等须通过监理单位下发到施工单位。

11.1.3　工程总承包单位

全面负责建设项目的设计、采购、施工和调试服务工作；依据国家和行业规范、规定，按照合同及设计文件，编制施工方案，组织相应的管理、技术、施工人员及施工机械进行施工；按照合同规定工期、质量要求等，完成施工内容；施工过程中，负责工程进度、质量、成本、安全的自控工作；按时组织工程验收，向建设单位移交工程及全套施工资料。

11.1.4　生产单位

对构件产品质量负责，根据建设单位提供的施工图纸编制《构件生产方案》。

制定生产计划和运输计划，整合生产和运输等环节的动态实时信息监管系统；对原材料、预埋件等自检项目及参数应满足设计及标准规范要求。生产用原材料应按检验批划分规定进行检验，委托具有资质的检测机构进行见证检测；建立构件质量检查验收制度。

建立生产和销售信息档案，信息内容必须真实、准确，反映生产和销售基本情况。

11.1.5　管理人员配置情况

建设单位、工程总承包（EPC）单位、设计单位、监理单位应根据项目情况配置相应的管理人员团队，团队主要管理人员应具备装配式建筑从业资格或满足当地装配式建筑政策相关要求。

11.1.6　装配式建筑验收制度

1. 预制构件（钢构件）样板验收制度

（1）装配式钢结构、机电安装、装饰装修等分部分项工程，EPC 单位应建立样板先行制度。

（2）根据项目特点，在固定区域设置样板展示区，制作并展示施工样板。EPC 单位在编制施工组织设计或专项施工方案时须体现此部分内容，方案经审核批准后实施。

（3）对关键类型的样板——构件/部品，建设单位应组织设计、监理、施工、生产等各参建方进行验收，验收合格后方可进行后续生产。样板具体要求包括：

1）样板施工前，先由实施单位项目技术负责人编制样板施工方案，并对方案内容进行详细交底。

2）样板施工时现场技术负责人、质量员、施工员等进行跟踪检查与控制，并对施工中出现的质量缺陷等进行详细记录，共同研究找出问题产生的原因，制订切实可行的措施以保证正式施工时的施工质量。

3）在正式施工前，样板验收合格后方能全面施工。

4）正式施工时由项目质检员、施工员跟踪检查施工质量，并对出现的问题进行分析总结并报技术负责人，提出解决方法，不断提高施工质量。

2. 装配式标准层结构联合验收制度

（1）组建联合验收组，联合验收成员包括建设单位、监理单位、设计单位、施工单位。技术复杂的，必要时可聘请专家。

（2）每个工序项目正式施工前，由技术部对施工作业单位（或班组）进行有针对性的技术交底工作，各项目开始施工后，项目质检、技术全程参与，加强过程控制，由施工作业单位自检合格后上报项目部质检部门组织准备验收。

（3）在验收前召开验收准备会议，内容主要包括验收资料、验收流程、验收人员分工、验收方法、验收部位及验收数量等。

（4）标准层结构联合验收，验收各方应重点检查构件的安装和连接节点是否符合设计以及相应标准要求，并综合评定其结构产品使用的安全性以及是否存在明显的质量隐患。

（5）验收后进行会议总结，总结验收情况，验收各方提出存在的问题及整改意见等，由施工单位进行下一步的整改部署。

3. 装配式分部分项工程验收制度

验收时间：各楼栋完成装配式分部分项工程，安装完毕后进行下一道工序。

验收目的：控制装配式建筑施工的质量，确保工程顺利进行。

参与各方：建设单位、工程总承包单位（施工）、监理单位等。

验收内容：

（1）装配式建筑的相关资料是否齐全。

（2）装配式建筑施工是否按照方案进行。

（3）装配式建筑施工是否符合设计及相关规范要求。

（4）对验收指标不合格的分部分项工程提出整改意见，并对问题产生的原因进行深度分析。

对验收指标不合格的分部分项工程必须按整改意见返工或返修处理，并按整改意见或建议有效落实，产品整改或返修完成后，再次组织各方验收与评定。

4. 工程首件验收制度

（1）首件验收要求

“工程首件验收制度”按照“预防为主，先导试点”的原则，对首件工程的各项工艺、技术和质量指标进行综合评价，建立样板工程，以指导后续工程施工，预防后续施工过程中可能产生的质量问题，有效减少返工损失，缩短施工工期。

实行“工程首件验收制度”着眼于首件工程质量，以工序质量确保分部工程质量，以分部工程质量确保子单位工程质量，从而确保工程项目质量。

凡未经首件工程验收的关键工序、分部工程，一律不得开展后续施工。

首件工程施工前应编制专项施工方案并报监理单位，方案经监理单位书面认可后方可实施。施工准备阶段，应按要求合理配置人员、设备及各项安全设施，操作过程中质检人员应详细记录操作程序和相关过程数据，执行过程中监理单位、建设单位应督查操作全过程并及时纠偏。

首件工程完成后，工程总承包单位应对已完项目的施工工艺和施工质量进行评价，并提出书面自评意见，自评合格后由监理单位提出复评意见，复评合格并经建设单位认可、出具书面认可意见后，方可实施后续施工。

“工程首件验收制度”为现场控制施工质量的主要手段，工程总承包单位应提前 3d 通知各参建单位参加首件工程验收。

（2）首件验收的责任体系

坚持“自下而上，分级负责”的原则，各参建单位根据合同要求和监理规程，结合实际工作，分别承担各自所负的责任。

工程总承包单位作为施工责任主体，承担自评责任，评价时必须提供施工工艺措施及自检报告、质保责任人；监理单位承担复评责任，必须提交相应的监理实施细则；建设单位承担终评和认可责任。

施工单位和监理单位承担工序首件工程的认可和评价，建设单位承担分项工程首件工程的认可和评价。

（3）首件验收的实施程序

关键工序首件工程应由施工单位自检合格后，报监理单位，由监理工程师组织工程总承包单位专职质量员、施工单位分部工程技术负责人进行验收，合格后由总监理工程师组织建设单位代表、设计代表、工程总承包单位项目经理、工程总承包质量员、分包单位技术负责人等参加进行四方检查验收并签字。

分部工程首件工程验收应由工程总承包单位自检合格后，报监理单位，由建设单位代表或总监理工程师组织工程总承包单位项目经理、工程总承包质量员和分包单位技术负责人等参加验收，合格后由四方进行首件验收并签字。

子单位工程完工后由工程总承包单位自行组织有关人员进行评定，并向建设单位提交报告，建设单位收到单位工程验收报告后，由建设单位组织工程总承包单位、分包单位、设计单位、监理单位等项目负责人进行子单位工程验收，并提前一周通知市建筑工程质量安全监督总站相关人员参加。

（4）装配式钢结构首件验收

装配式钢结构构件主要为钢柱及钢梁，其首件验收主要内容如表 11-1 所示。

（5）模块化箱体首箱验收

根据国家现行标准《钢结构工程施工质量验收标准》GB 50205、《轻型模块化钢结构组合房屋技术标准》JGJ/T 466 的规定，箱体拼装完成后整体验收标准依据现行行业标准《轻型模块化钢结构组合房屋技术标准》JGJ/T 466。

首件验收主要内容 **表 11-1**

1. 对进场钢构件进行质量外观检查，包括钢构件的平整度、边缘加工精度、垂直度，涂装有无空鼓、脱皮、流挂等质量问题	2. 测量构件尺寸
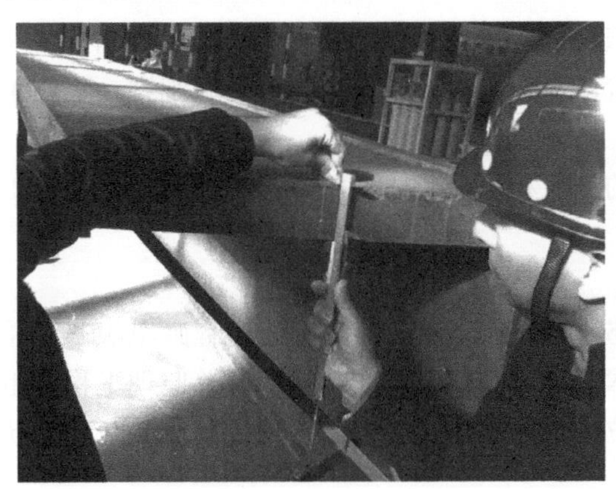	
3. 测量构件钢板板厚	4. 测量栓钉尺寸
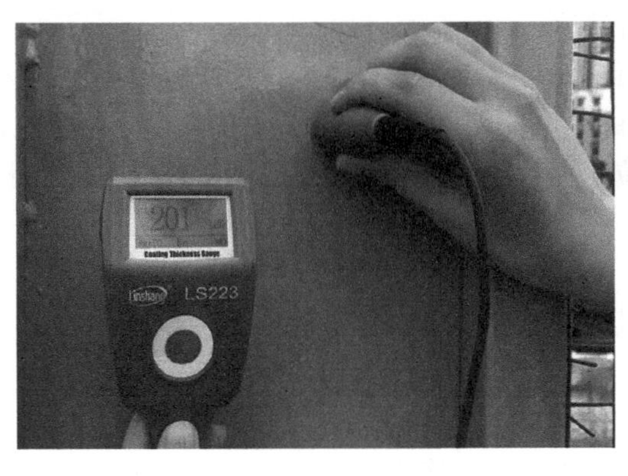	
5. 测量防腐涂装厚度	6. 无损探伤检测

11.2　装配式建筑的设计

11.2.1　建筑设计

大型模块化平急酒店应采用标准化设计方法，相同功能空间的建筑、结构、装修机电应尽量相同，立面通过少规格、多组合方式实现丰富多样的立面效果，建筑标准化户型占比及标准化构件占比均不宜小于 80%（图 11-1～图 11-4）。

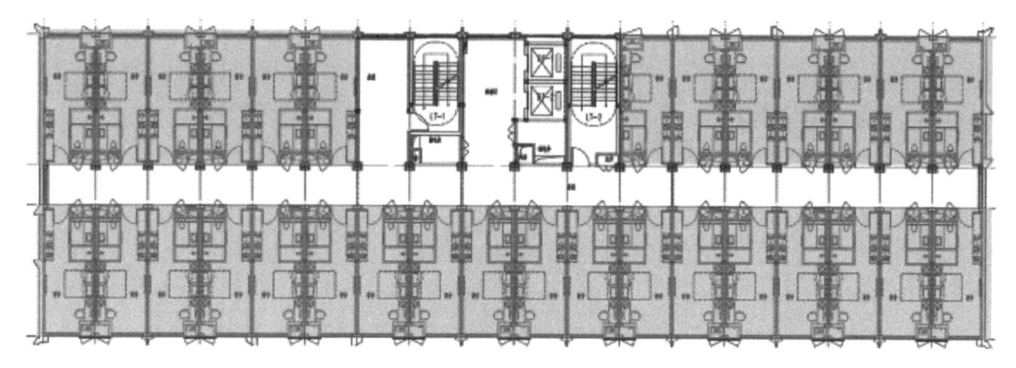

图 11-1　多层酒店户型分布平面图

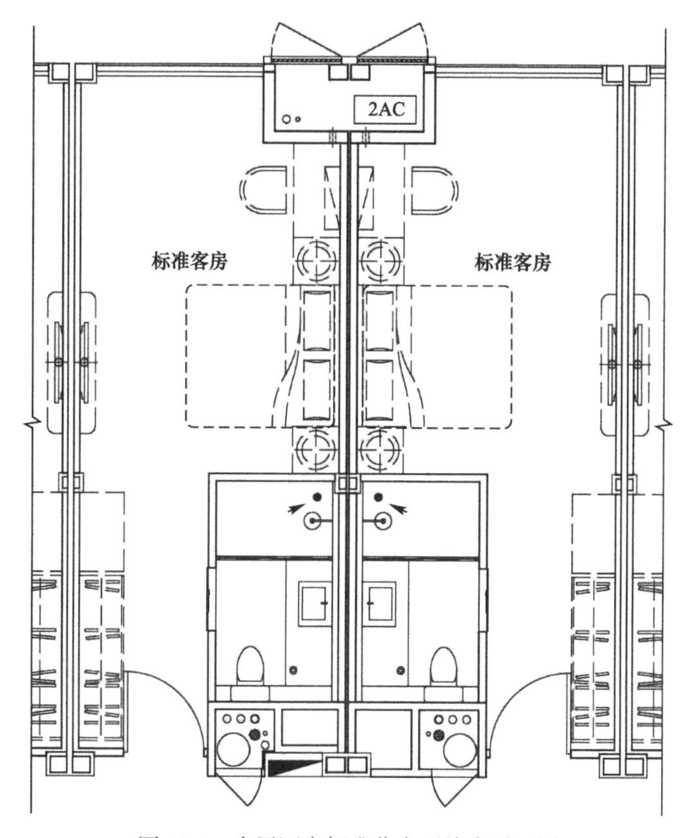

图 11-2　多层酒店标准化户型放大平面图

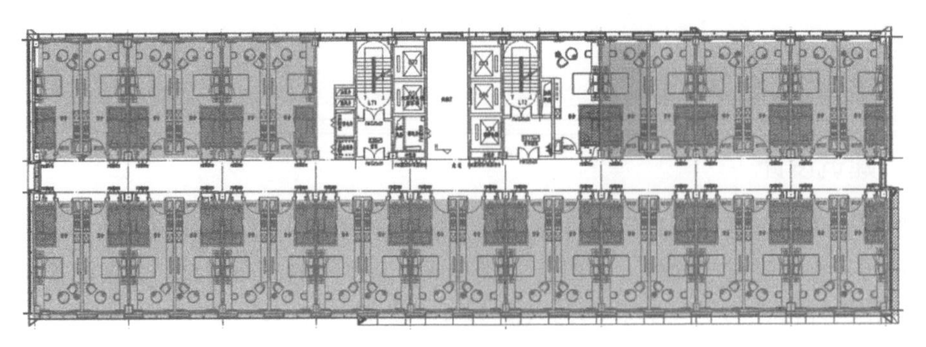

图 11-3　高层酒店标准化户型放大平面图

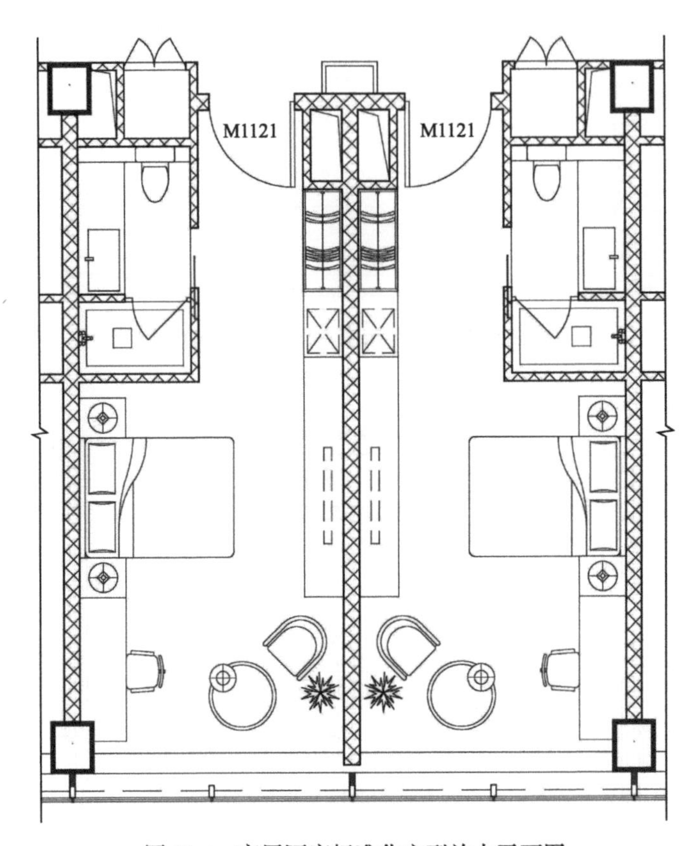

图 11-4　高层酒店标准化户型放大平面图

1. 多层酒店

(1) 平面设计

多层酒店各栋主要使用功能为综合门诊和酒店客房，每栋酒店为单独隔离单元。

功能布局上，首层为综合门诊部，满足隔离人员在酒店居住期间的应急基本医疗需求，综合门诊部主要设置发热门诊、专科门诊和 CT、检验、药房等功能，发热门诊包含成人发热门诊、治疗室、抢救室、留观室、儿童发热门诊、儿童留观室及配套辅助用房；专科门诊包含急诊、全科门诊、内科、中医科、精神内科、妇科及配套辅助用房。2～7 层为客房，2、3 层局部设有双人间和套房，4～7 层为标准间（图 11-5、图 11-6）。

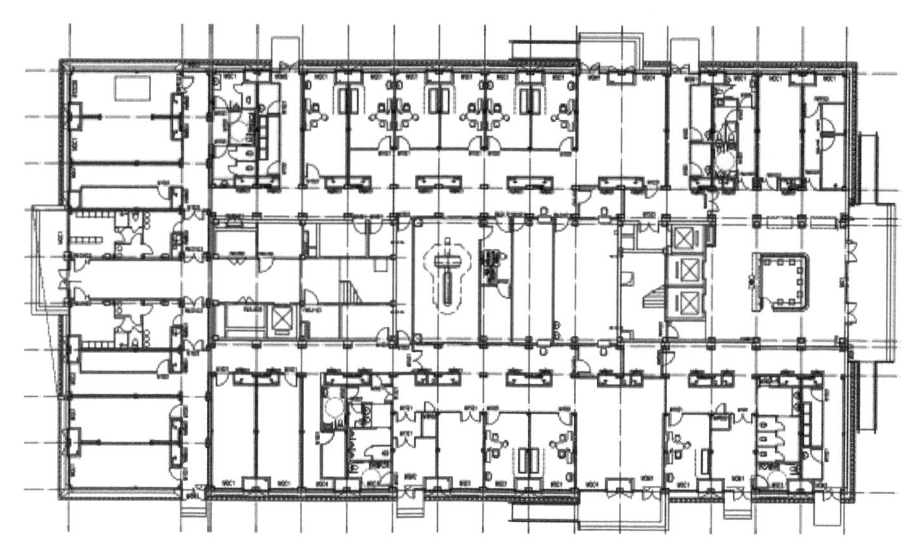

图 11-5 多层酒店首层平面图

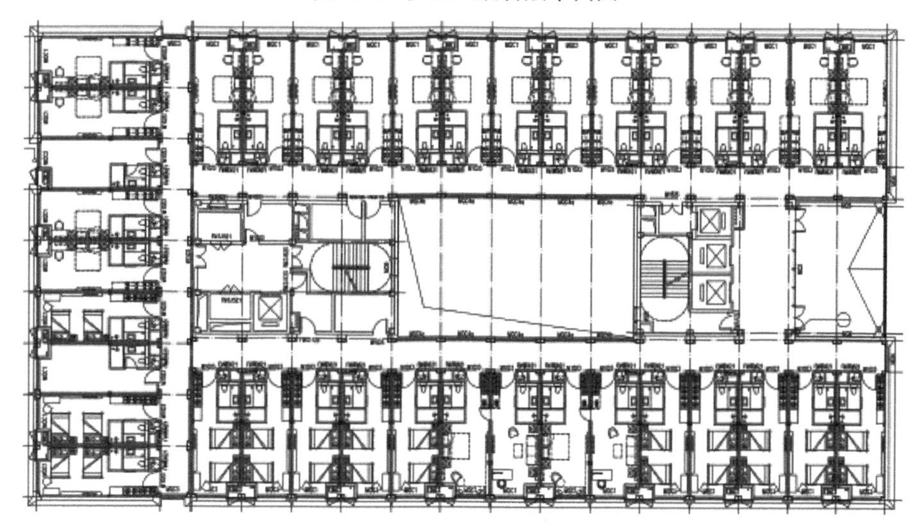

图 11-6 多层酒店标准层平面图

（2）立面设计

立面通过装饰构件的勾勒重塑建筑立面形态，结合山墙、窗户及百叶的关系，通过材质颜色的差别划分立面形体比例。装饰构件采用标准化造型节点设计，充分体现箱体标准化、模块化设计原则（图 11-7、图 11-8）。

（3）外围护设计

多层酒店和宿舍建筑外围护设计均采用铝合金板、玻璃为主的单元式幕墙体系，各层均以玻璃幕墙为主，3 层以上为铝合金板和玻璃幕墙，幕墙以两层高为一个单元进行错动，形成韵律。幕墙节点构造须符合幕墙防水、抗风和通风换气等各项指标要求（图 11-9～图 11-11）。

（4）内隔墙

内墙全部采用轻钢龙骨内隔墙（玻镁板、水泥纤维板、石膏板），装饰装修全部采用干式工法（图 11-12）。

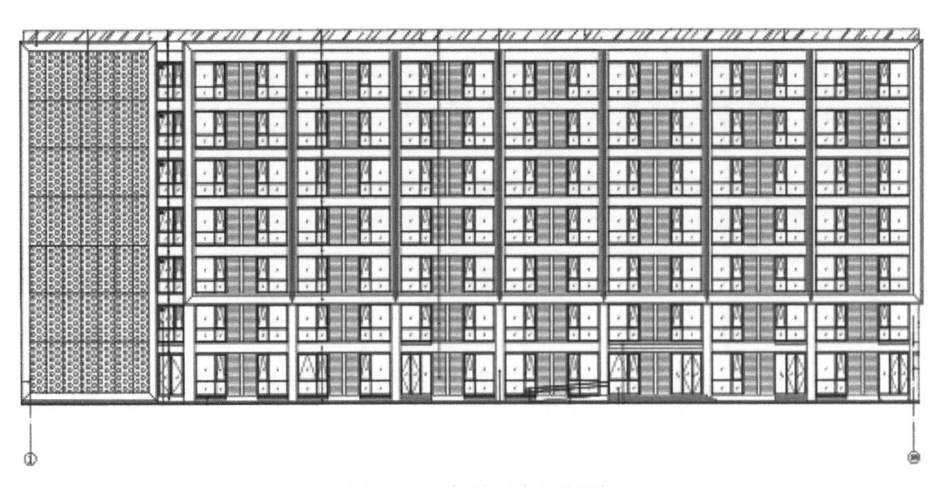

图 11-7 多层酒店立面图

图 11-8 多层酒店立面效果图

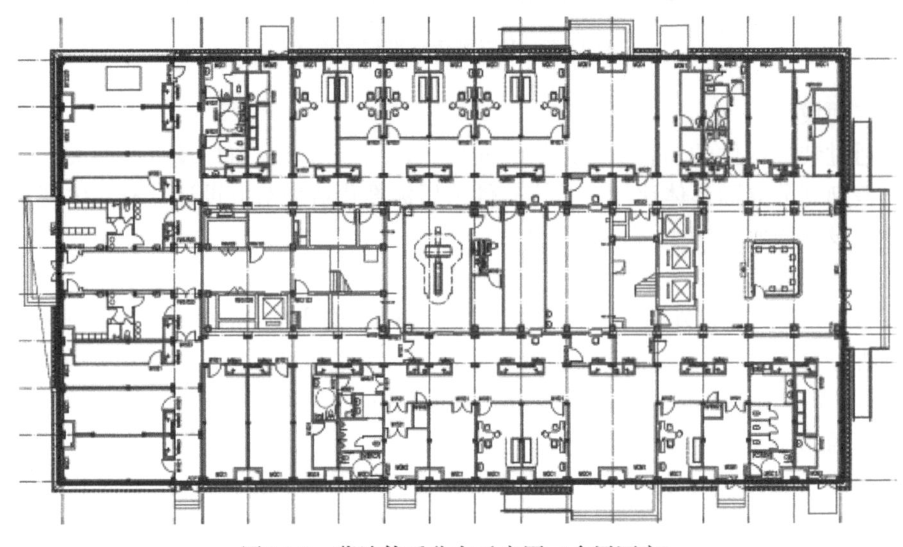

图 11-9 幕墙体系分布示意图（多层酒店）

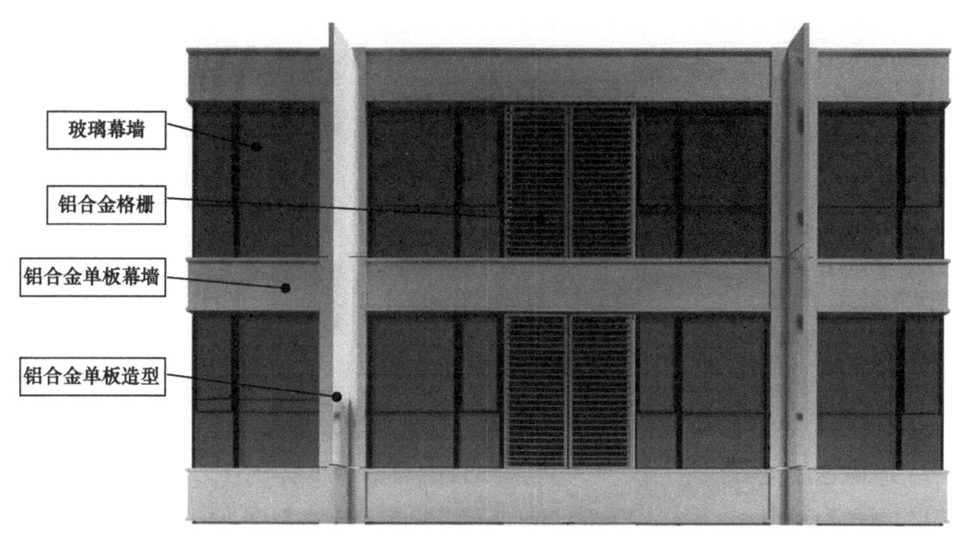

图 11-10　单元式幕墙立面效果（多层酒店）

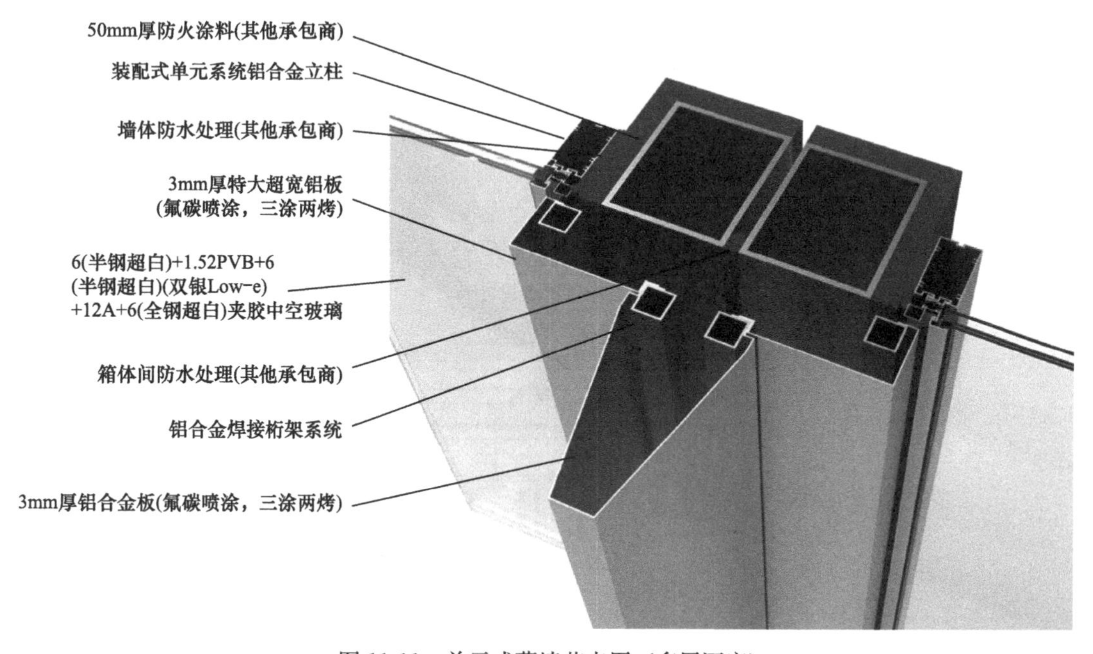

图 11-11　单元式幕墙节点图（多层酒店）

（5）节点设计

模块化箱体节点如图 11-13～图 11-17 所示。

2. **高层酒店**

（1）平面设计

高层酒店平面布局为长方形，核心筒与服务用房位于平面中心位置，围绕核心服务空间设置一圈环形走廊，北侧、南侧以及东侧为客房，西侧每两层设置一个公共阳台。公共阳台位于奇数层，其中 9 层公共阳台比其他层阳台宽 1m。

每栋楼均为独立隔离单元，在 1 层、7 层、13 层设置卫生通过区，按照洁区、半污染

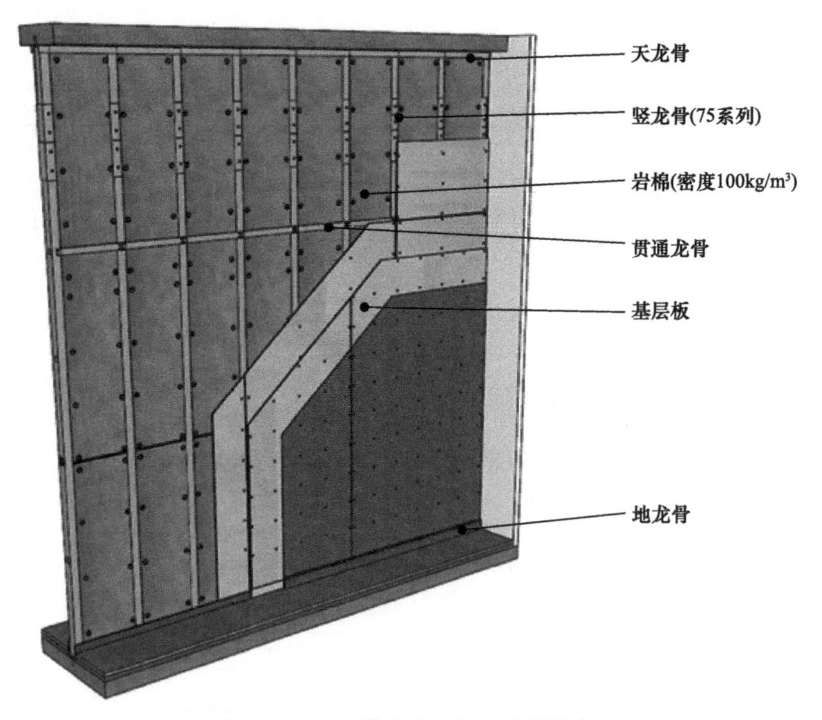

图 11-12　内墙装饰节点图（多层酒店）

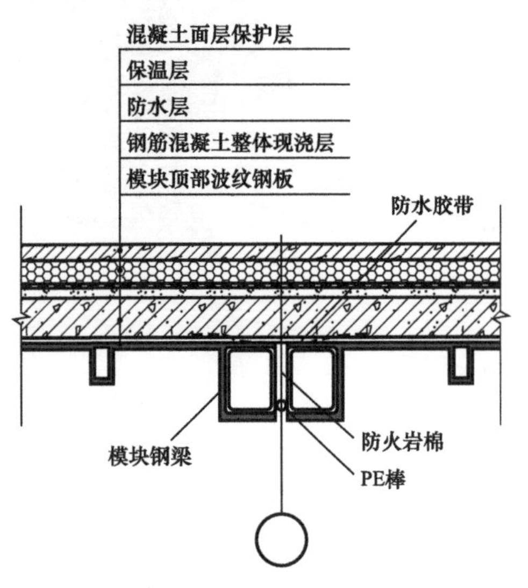

图 11-13　屋顶防水构造做法 1

区、污染区“三区两通道”布置。服务人员经卫生通过区更衣后，可经洁区服务人员电梯，也可经过酒店走廊由客梯到达各个楼层进行服务。

功能布局上，酒店每层设置配套服务功能，包括洁物间、工作人员间、物资间、酒店服务用房、机器人间、垃圾暂存、污布草暂存间等，首层设有旅客大堂、服务大堂、服务间以及配电机房、报警阀间等设备用房；客房布置方面，首层除标准客房外，设有 4 间无障碍客房，2～7 层设有标准间、双人间及套间，8～18 层均为标准间（图 11-18、图 11-19）。

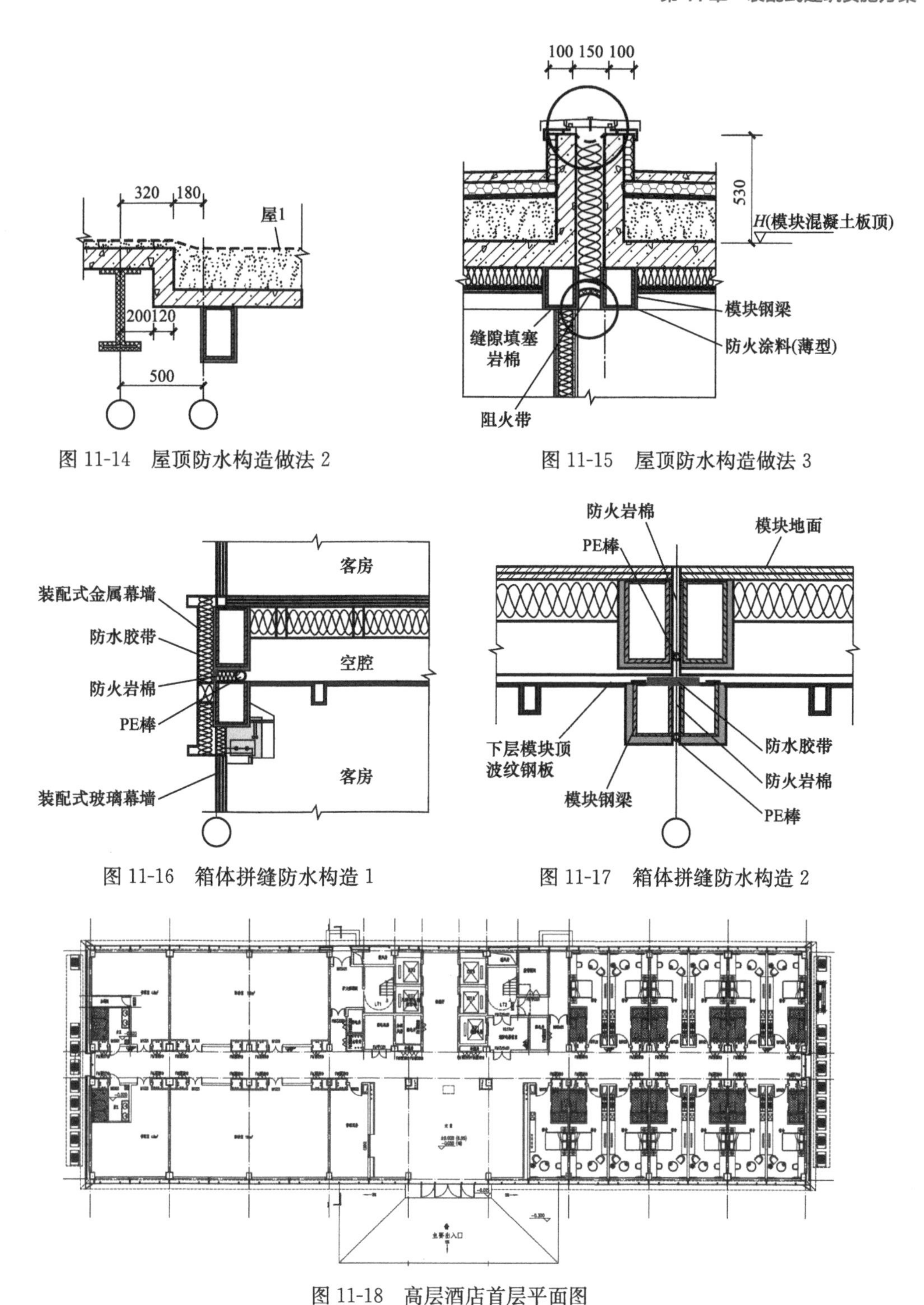

图 11-14　屋顶防水构造做法 2

图 11-15　屋顶防水构造做法 3

图 11-16　箱体拼缝防水构造 1

图 11-17　箱体拼缝防水构造 2

图 11-18　高层酒店首层平面图

（2）建筑立面

建筑形体方正，立面采用单元式玻璃幕墙和金属幕墙，通过材质变化、有韵律的虚实错动手法化解建筑的大体量感，局部楔形线角造型也采用单元式铝合金板构造，结合平面

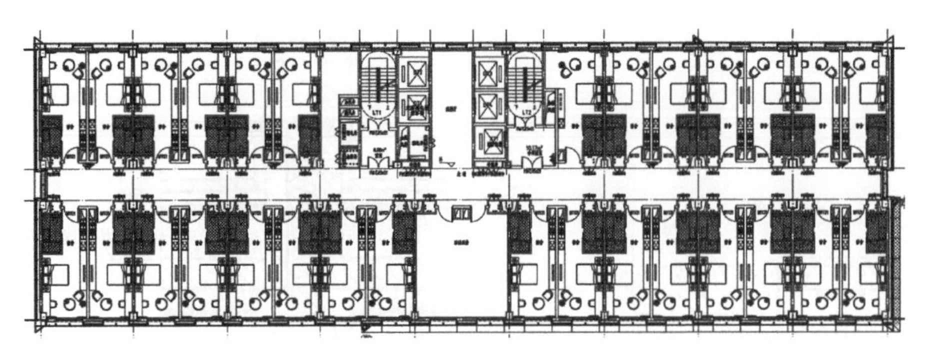

图 11-19　高层酒店首层平面图

功能对立面形体重新划分，利用山墙、凹槽及走廊通道等节点创造进退空间，勾勒立面形态变化。单元式幕墙部分通过颜色的变化增加立面变化效果，通过局部跳色的方式增强整体立面的灵动性，宛如跳动的音符；采用图元变化的手法，体现建筑的现代、精致、典雅，又不失灵动（图 11-20、图 11-21）。

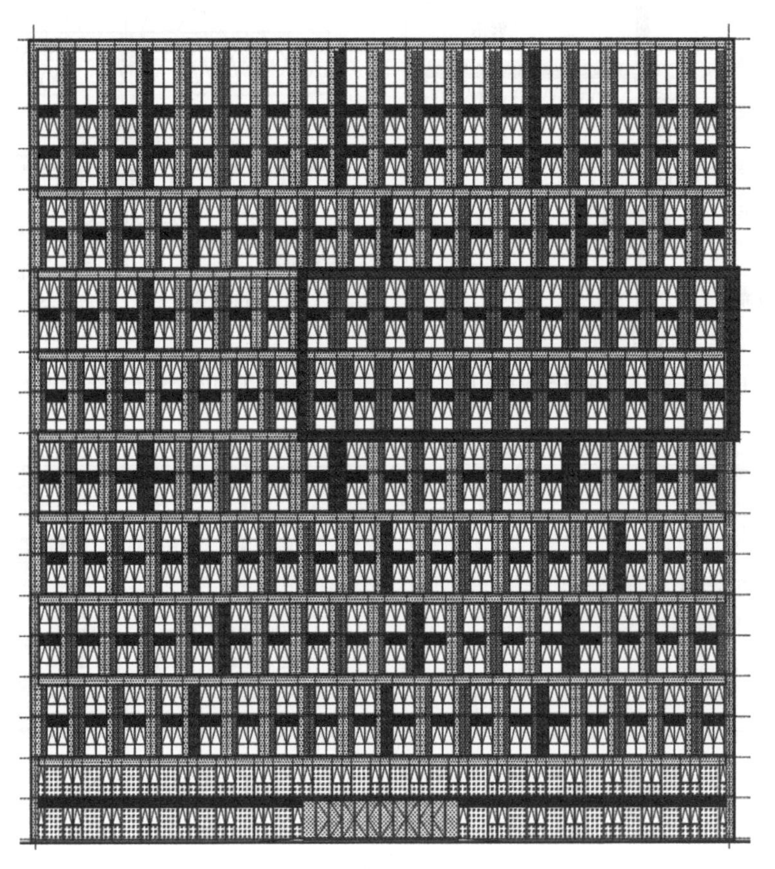

图 11-20　高层酒店立面图

（3）外围护设计

高层酒店建筑外围护设计采用铝合金板、玻璃为主的单元式幕墙体系，首层和 2 层以玻璃幕墙为主，3 层以上为铝合金板和玻璃幕墙，幕墙以两层高为一个单元进行错动，形成韵律。幕墙节点构造须符合幕墙防水、抗风和通风换气等各项指标要求（图 11-22、图 11-23）。

图 11-21 高层酒店效果图

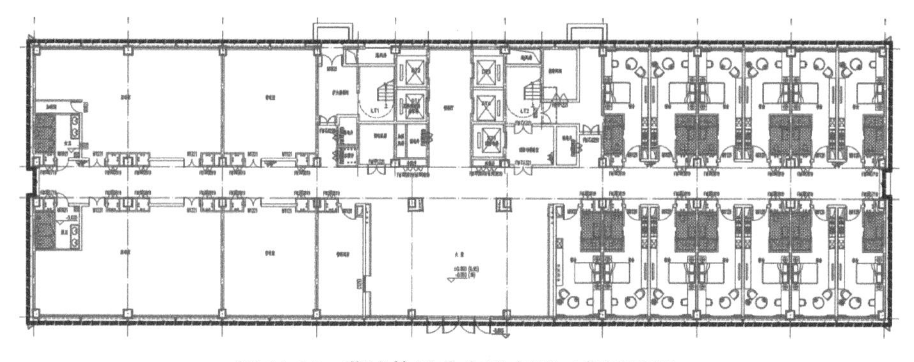

图 11-22 幕墙体系分布示意图（高层酒店）

幕墙主要节点形式如图 11-24～图 11-26 所示。

（4）内隔墙

高层酒店内墙全部采用轻钢龙骨内隔墙（玻镁板、水泥纤维板、石膏板），装配式工业化制作安装，装饰装修全部采用干式工法。

设备管井和有水房间增设 200mm 高混凝土反坎（图 11-27、图 11-28）。

11.2.2 结构设计

模块化平急酒店一般包括多层酒店和高层酒店，可根据相关规范要求，结合工期、成本等综合因素，选用合适的结构体系，为适应快速建造要求，多层酒店一般采用集成模

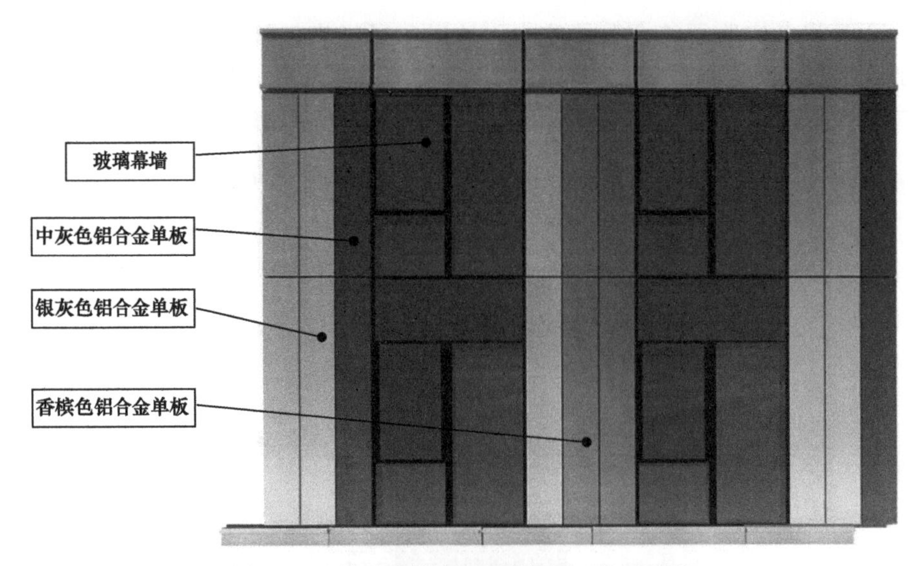

图 11-23　单元式幕墙立面效果图（高层酒店）

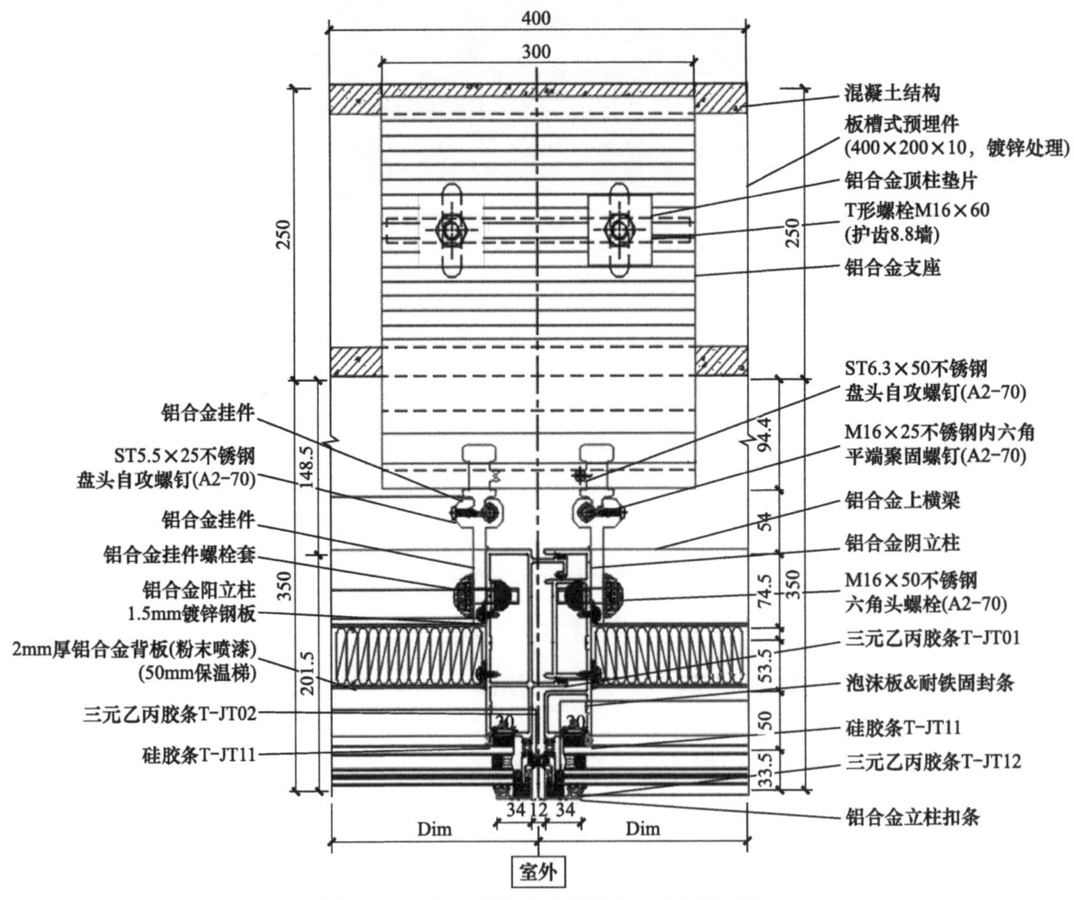

图 11-24　单元板标准横剖节点（高层酒店）

块叠箱+钢框架结构和集成模块叠箱体系，高层酒店可采用钢框架结构体系或钢框架-支撑结构体系。

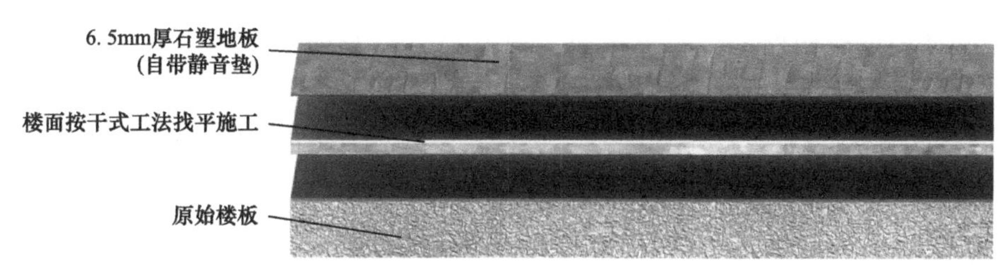

图 11-25　楼地面干铺工艺节点

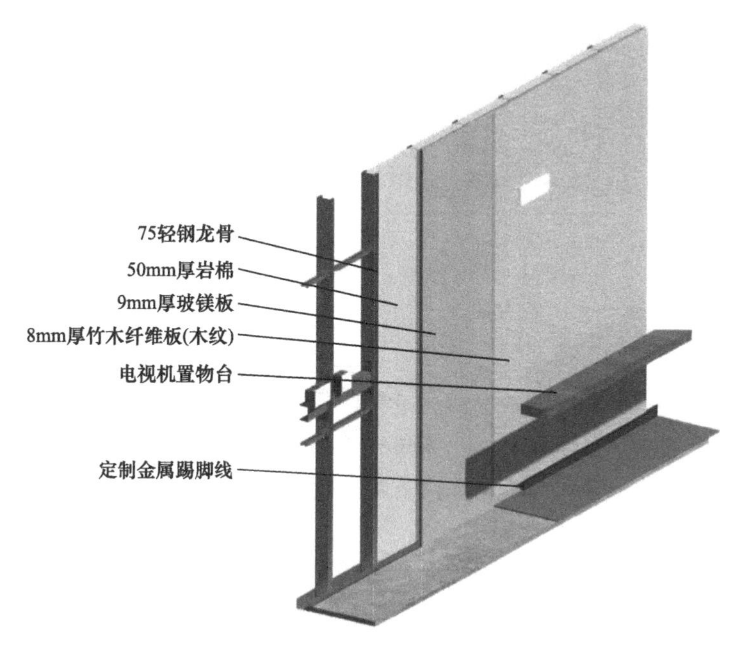

图 11-26　墙面干挂工艺节点

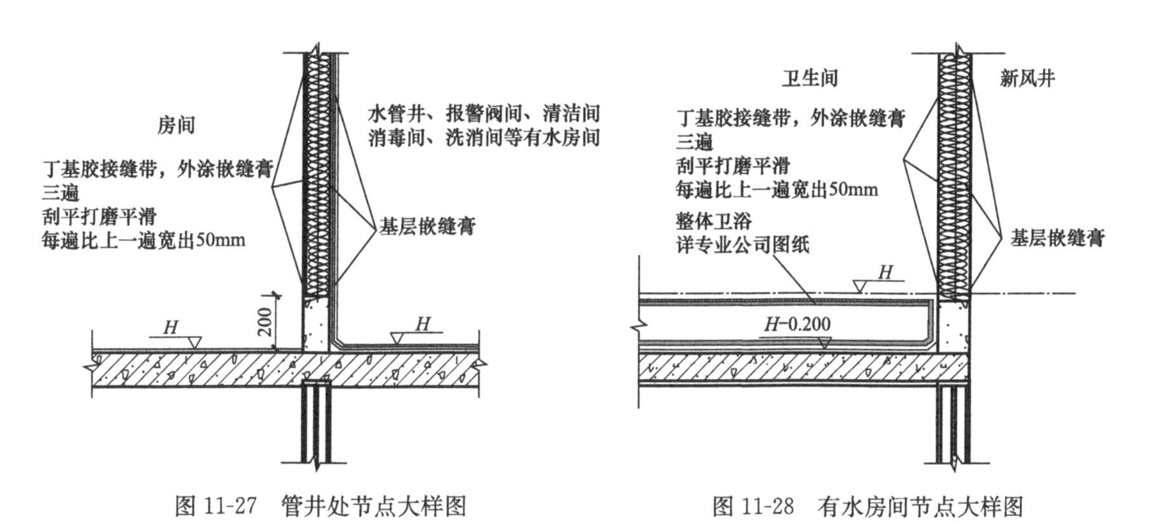

图 11-27　管井处节点大样图　　　　图 11-28　有水房间节点大样图

1. 多层酒店

多层酒店一般为地上 7 层，地下架空（敷设设备管线），整体结构为钢结构集成模块叠箱体系，核心筒部位可设钢框架核心筒，单体建筑总高均小于 24m。模块箱体均由标准箱组成。箱体内梁柱构件采用箱形截面，均为 Q355B 材质；箱体内的支撑采用方钢管或钢板（Q235B 材质），模块箱箱底采用钢骨架水泥纤维板复合楼板，箱顶部采用波纹板（Q235B 材质）；所有模块箱体均为工厂焊接连接制作完成，整箱运抵现场吊装至相应位置后，在箱体连接盒位置通过钢板及高强度螺栓实现相邻箱体及箱体与钢框架的连接（表 11-2）。

箱体结构尺寸 **表 11-2**

<table>
<tr><th>箱体大小（长×宽×高）</th><th>组成箱体的构件截面</th></tr>
<tr><td>11.21m×3.58m×3.28m</td><td>钢柱：□300×250×11、□300×250×11
钢梁：□350×180×8、□300×180×6（箱底主梁）
□250×150×8、□200×150×6（箱顶主梁）
□150×150×6、□150×50×3、□100×50×3（次梁）
支撑：□150×150×6</td></tr>
<tr><td>11.21m×3.58m×3.68m
11.21m×3.58m×3.28m</td><td rowspan="2">钢柱：□250×200×11、□150×100×5
钢梁：□300×180×8、□200×150×8（箱底主梁）
□250×150×8、□200×150×6（箱顶主梁）
□250×150×4、□110×50×3、□100×50×3（次梁）
支撑：－200×4</td></tr>
<tr><td>11.47m×3.58m×3.28m
8.8m×3.58m×3.28m</td></tr>
</table>

单体的模块化箱体均由标准箱根据建筑结构功能要求进行局部加减构件洐生出新的箱体。箱体梁柱构件采用箱形截面，箱体内支撑采用方钢管或钢板。核心筒部分的钢梁均为标准 H 型钢，钢柱截面形式均为箱形截面。

项目采用的梁柱，均属于非异形截面钢材的钢构件，采用的钢桁架楼承板为自动化生产设备生产，属于标准化工业部品，构件标准化占比为 100%。

箱体屋面采用箱顶自身的波纹板当底模，上浇 100mm 厚钢筋混凝土楼板（图 11-29～图 11-38）。

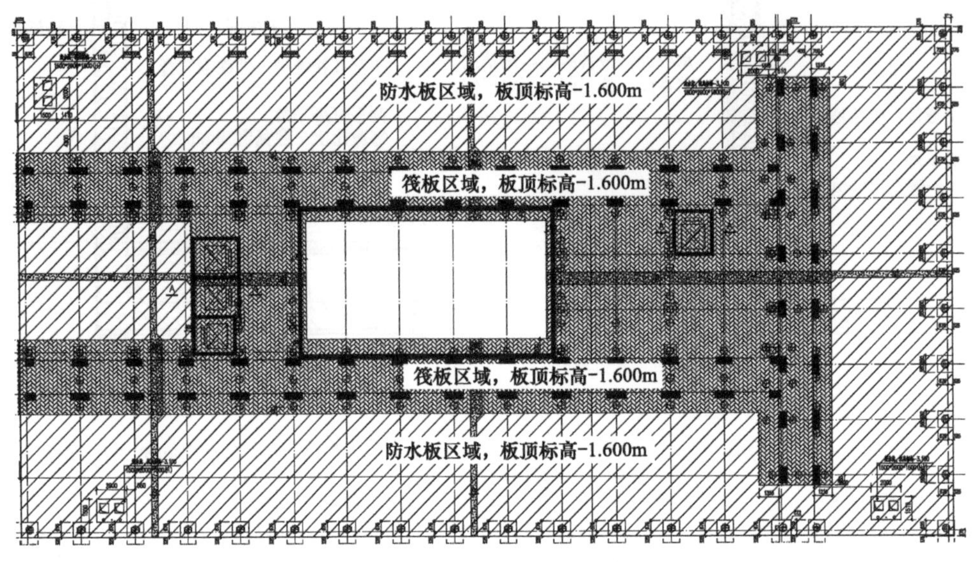

图 11-29 基础平面布置图

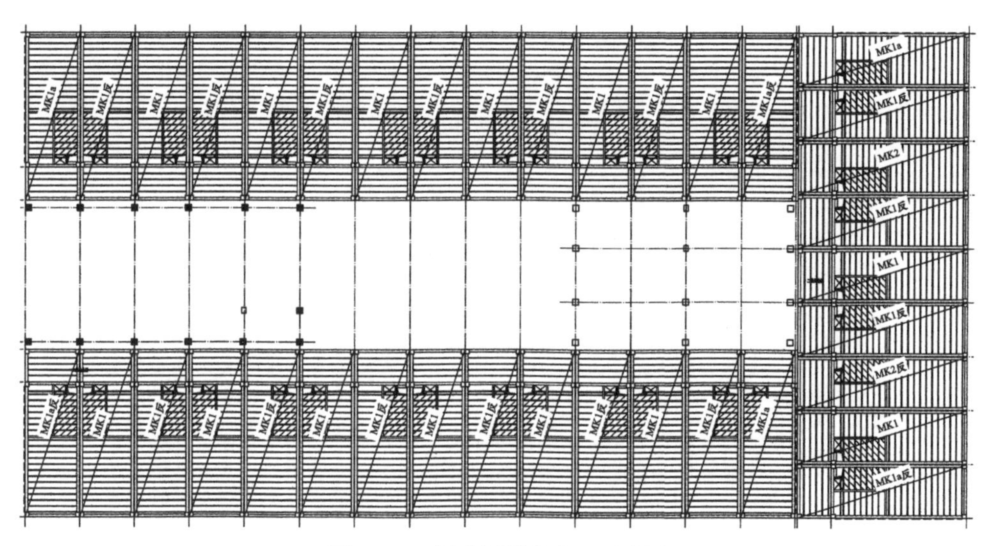

图 11-30 标准层结构布置示意图

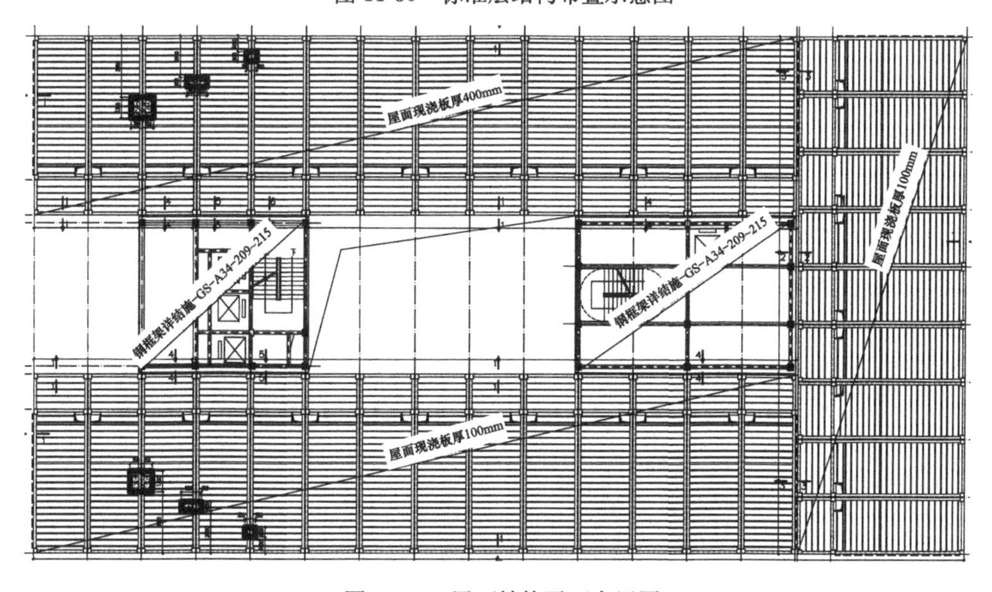

图 11-31 屋面结构平面布置图

2. **高层酒店**

高层酒店可根据实际情况采用钢框架结构或采用钢框架-支撑结构。楼板均采用钢梁+钢筋桁架楼承板体系。钢柱下插延伸到基础承台，形成外包式柱脚。地下室侧墙采用300mm 厚钢筋混凝土围合封闭式挡墙，顶板采用钢梁+钢筋桁架楼承板体系结构，满足地下室顶板作为嵌固端的刚度需要。综合考虑施工速度、检测时间、经济性、环境影响等因素，基础采用预制管桩基+防水板。上部结构梁柱采用刚接保证结构的整体刚度，梁梁间采用螺栓铰接，减少现场的焊接作业。

各栋单体钢梁截面形式均为 H 形截面，钢柱截面形式均为箱形截面。平急酒店项目除管道井后浇封堵用现浇混凝土，其他楼板采用钢筋桁架楼承板，项目采用的梁柱均属于非异形截面钢材的钢构件，采用的钢桁架楼承板为自动化生产设备生产，属于标准化工业

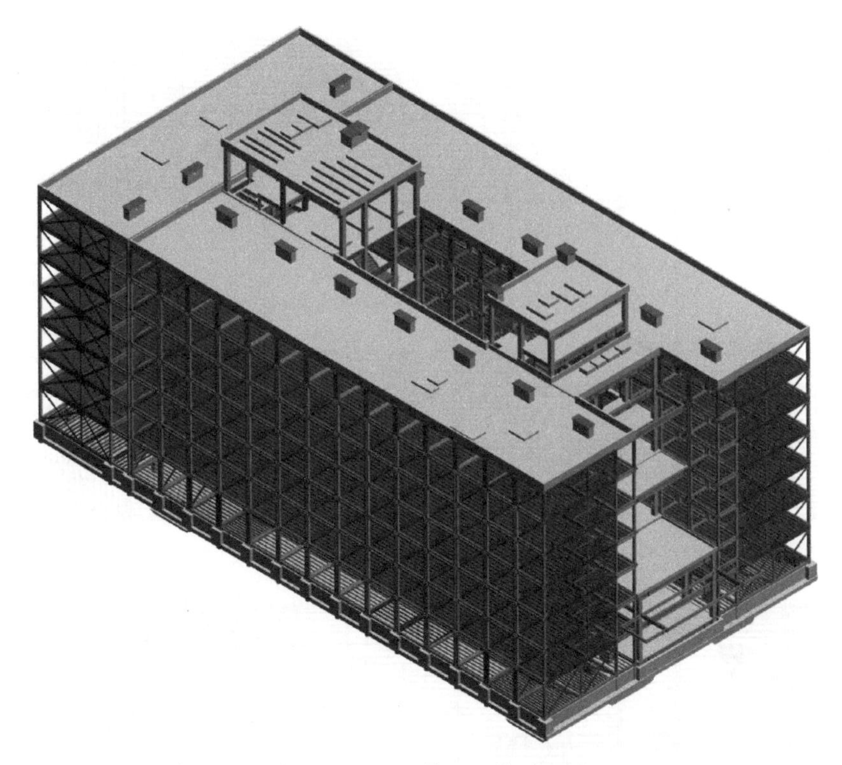

图 11-32　BIM 模型三维示意图

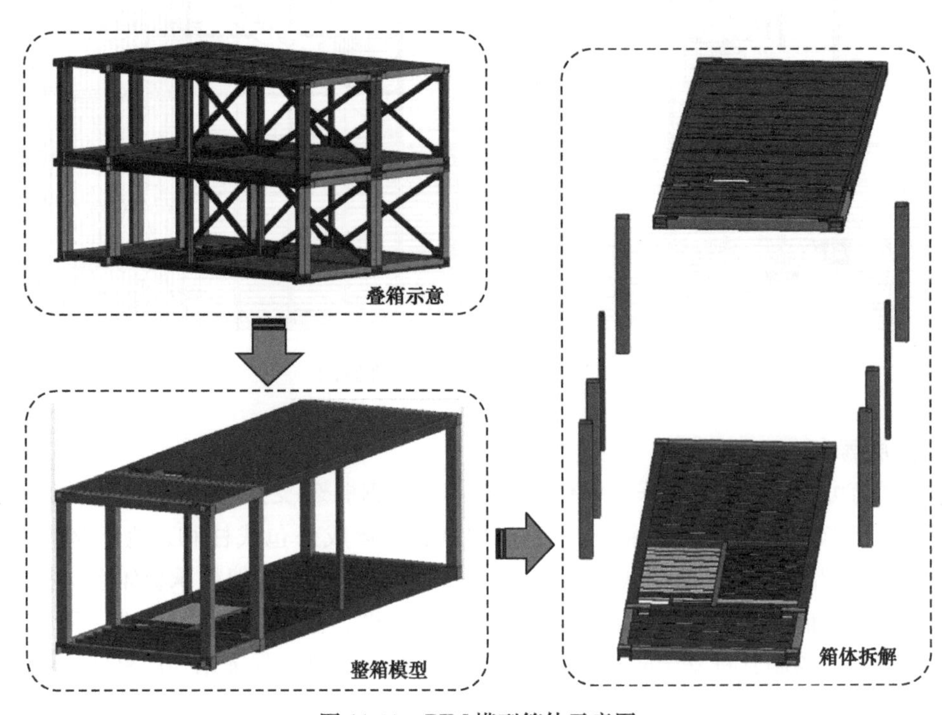

图 11-33　BIM 模型箱体示意图

部品，构件标准化占比为 100％（图 11-39、图 11-40）。钢结构连接节点按相关规范要求进行设计。

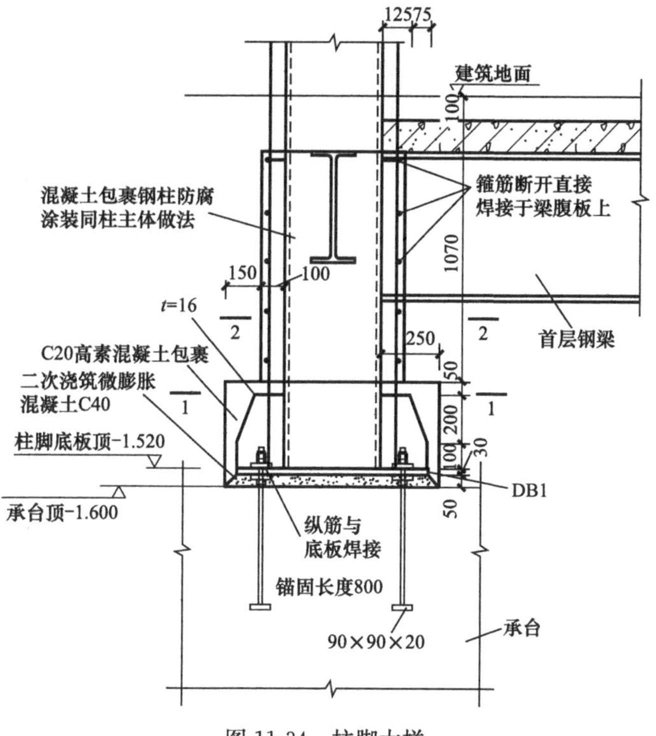

图 11-34　柱脚大样

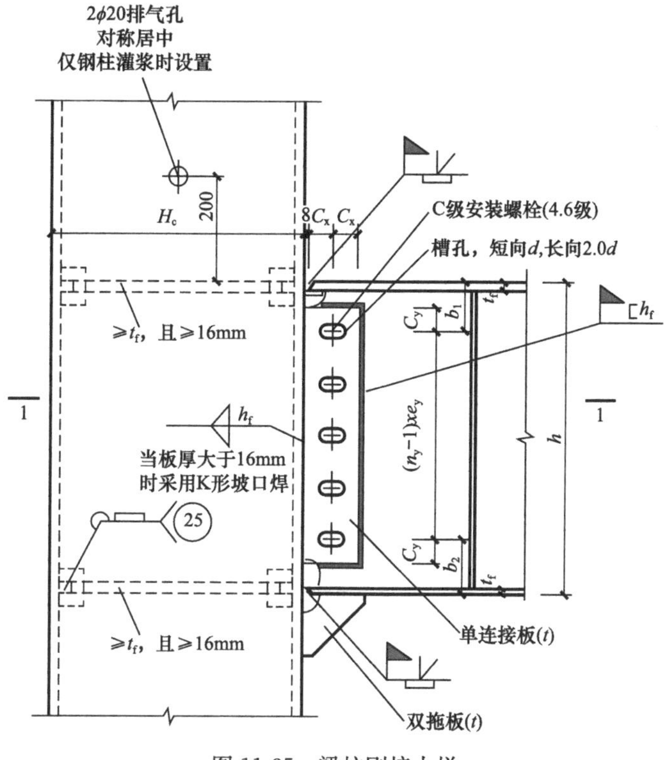

图 11-35　梁柱刚接大样

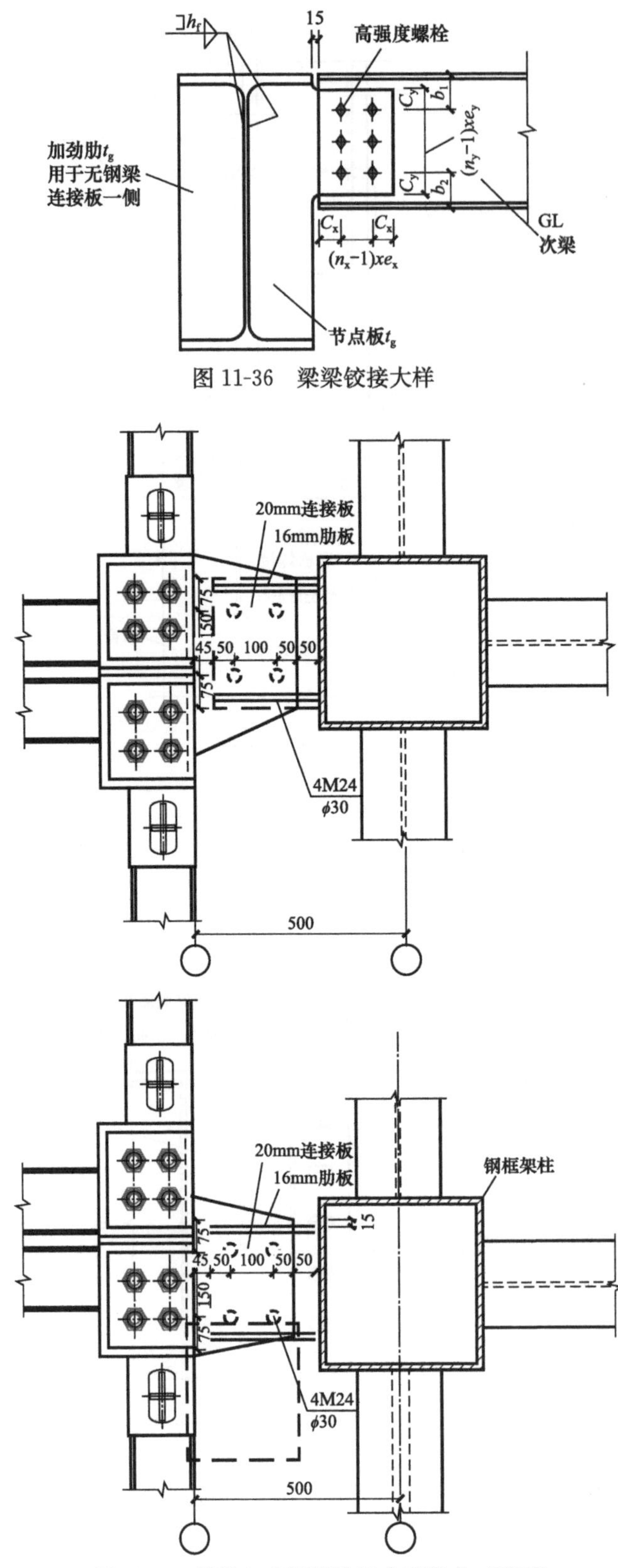

图 11-36　梁梁铰接大样

图 11-37　箱体与交通核连接典型节点（平面）

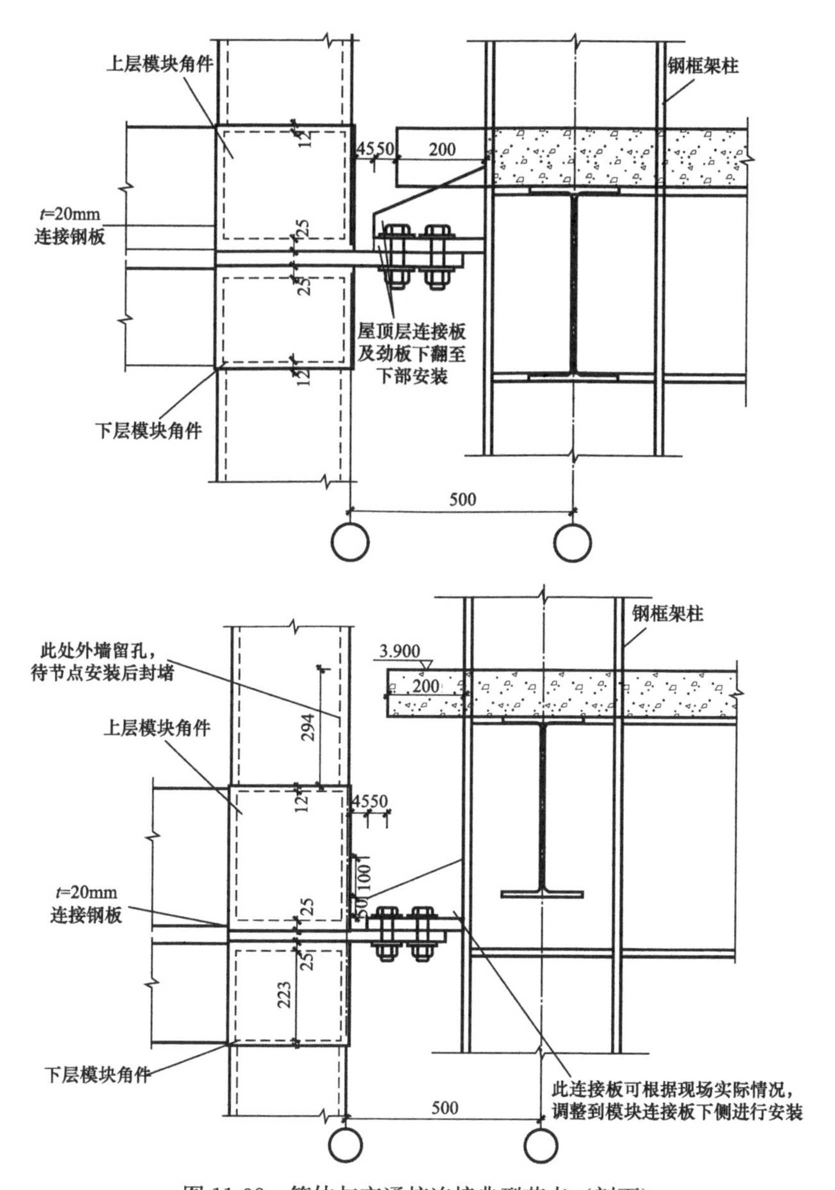

图 11-38　箱体与交通核连接典型节点（剖面）

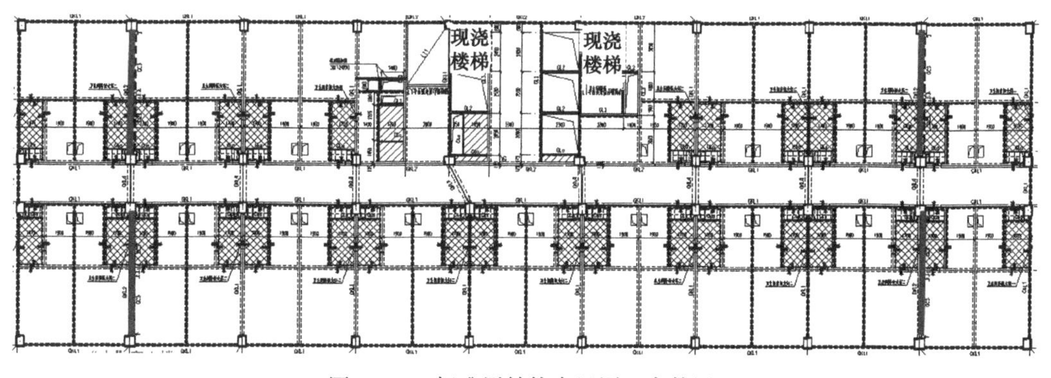

图 11-39　标准层结构布置图（奇数层）

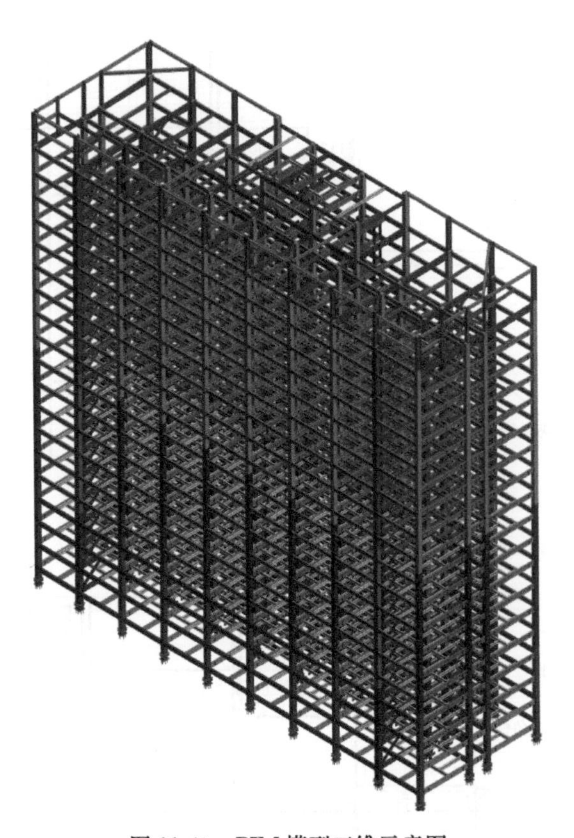

图 11-40　BIM 模型三维示意图

11.2.3　装修和机电

1. 全装修范围

平急酒店全部全装修交付，全装修范围包括所有建筑使用功能空间。

2. 装修效果

（1）大堂与电梯厅效果（图 11-41）

（2）客房效果（图 11-42）

图 11-41　大堂与电梯厅效果图

图 11-42　客房效果图

（3）装修材料（图 11-43）

图 11-43　装修材料图

3. 装修做法（表 11-3）

全装修做法表　　　　表 11-3

材料编号	材料名称	防火等级	位置	品类代码	备注
涂料					
PT-01	白色无机涂料	A	通用		
PT-02	白色防潮防霉无机涂料	A	辅助用房、公卫吊顶		
石材					
ST-01	非拉格慕	A	大堂地面、一层电梯厅地面		厚度 20mm
ST-02	慕恋白	A	大堂墙面、服务吧台、公卫墙面		厚度 20mm
ST-03	多伦多灰	A	大堂窗台、一楼电梯厅及走廊入户门槛石、公卫地面及洗手台面		厚度 20mm
ST-04	人造石（仿多伦多灰）	A	客房内门槛石、窗台反坎、卫生间台面挡水条；二层以上电梯厅门槛石		厚度 10mm/20mm
ST-05	人造石（白色）	A	一层应急登记处台面		厚度 15mm
ST-06	鲁灰色花岗石	A	主要出入口、次要出入口		厚度 30mm
铝合金板					
AL-01	铝合金蜂窝板	A	吊顶通用、大堂墙面		厚度 6mm
AL-02	波纹铝合金板	A	大堂墙面		厚度 2mm
AL-03	墙面铝合金单板	A	客房内吊顶叠级、电梯厅背景墙		厚度 2mm
AL-04	铝合金扣板	A	其他辅助用房		厚度 0.6mm
AL-05	铝合金型材	A	踢脚线、收边线		厚度 1.2mm
AL-06	铝合金基材覆膜（木纹）	A	一层大堂、一层电梯厅墙面		厚度 1.2mm
木饰面					
WD-01	木饰面	B2	入户门、客房内柜体、置物台、服务吧台		

续表

材料编号	材料名称	防火等级	位置	品类代码	备注
WD-02	卫生间隔断	A	卫生间内		
饰面板					
SP-01	竹木纤维板（木纹）	B1	走廊、电梯厅、客房		
SP-02	竹木纤维板（布纹）	B1	走廊		
SP-03	竹木纤维板（浅布纹）	B1	客房		
SP-04	竹木纤维板（深布纹）	B1	客房		
SP-05	硅酸钙板覆膜（木纹）	B1	大堂墙面、大堂电梯厅墙面		
SPC 地板					
FL-01	石塑地板（地毯纹）	B1	走廊		
FL-02	石塑地板（木纹）	B1	客房		
瓷砖					
CT-01	瓷砖	A	卫生间地面		
CT-02	瓷砖	A	二层以上电梯厅地面		
CT-03	瓷砖	A	楼梯间地面及墙面踢脚线、设备平台		
CT-04	瓷砖	A	辅助用房		
CT-05	瓷砖（鱼肚白）	A	无障碍卫生间墙面		
金属					
MT-01	不锈钢	A	大堂屏风边框、服务吧台		
MT-02	不锈钢	A	电梯厅吊顶设备带、电梯门套、床背景收边线、衣柜		
MT-03	镀锌钢板（白色）	A	客房卫生间吊顶		厚度 14mm
MT-04	镀锌钢板（仿瓷砖）	A	客房卫生间墙面		厚度 30mm
MT-05	不锈钢	A	服务吧台		
镜子					
MR-01	防水镜	A	卫生间内		
MR-02	磨砂玻璃	A	卫生间内		
玻璃					
GL-01	艺术玻璃	A	大堂接待台背景立面		
GL-02	艺术玻璃	A	大堂立面		

4. 集成卫生间

除首层无障碍卫生间为普通卫生间，其他均采用集成卫生间（含整体卫浴）。

冷热水管：充分利用吊顶空腔，冷热水管从卫生间顶部进入，在集成卫生间墙板与土建轻钢龙骨隔墙预留的走管空间内敷设，接至各卫生器具冷热水点位处。

污废水管：采用同层排水，污废分流，卫生间局部降板 150mm。坐便器采用墙排方式，污水管在建筑完成面以上敷设排至管井污水立管，废水管在防水底盘下架空层敷设排至管井废水立管。

排风系统：集成卫生间吊顶附带排风口，吊顶内吊装排风管道，通过法兰与风井内竖向排风主管连接（图 11-44～图 11-46）。

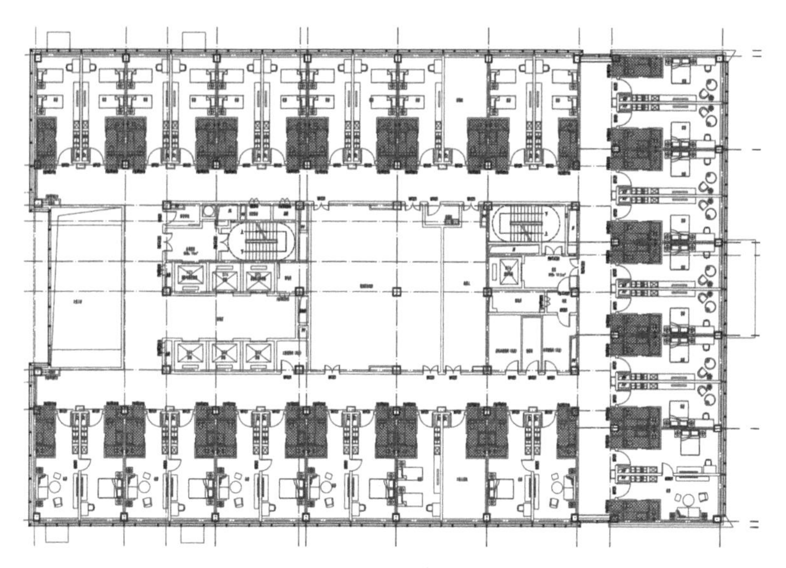

图 11-44　标准层整体卫浴布置图

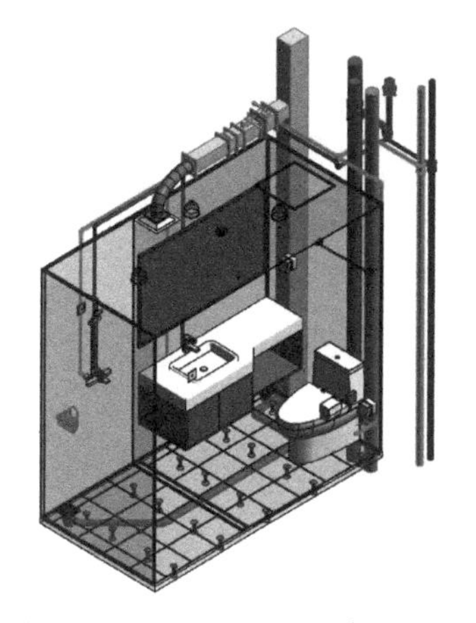

图 11-45　卫生间机电设备集成图

图 11-46　集成卫生间效果图

卫生间等电位：客房卫生间设 LEB 端子盒，用 25mm×4mm 热镀锌扁钢或 6mm 铜线就近与建筑物柱内钢柱可靠连接；卫生间内金属物件、散热器、金属导管等均应进行局部等电位接地，确保客人用电安全（表 11-4）。

各楼栋集成卫生间应用比例　　　　**表 11-4**

楼栋号	集成卫浴非砌筑、免抹灰比例
B-1	598/(8+598)×100%=98.7%
B-2	598/(8+598)×100%=98.7%
B-3	598/(8+598)×100%=98.7%
B-4	598/(8+598)×100%=98.7%

续表

楼栋号	集成卫浴非砌筑、免抹灰比例
B-5	598/(8+598)×100%=98.7%
B-6	598/(8+598)×100%=98.7%

5. **管线分离**

项目采用机电与建筑、结构、装修一体化设计，实现各专业协调，通过 BIM 建模手段实现精装一体化设计，在前期设计阶段于结构梁板处预留机电洞口，无须现场剔槽、开洞，避免错漏碰缺，保证安装装修质量。设备管线进行集成化综合设计，管线平面布置避免交叉，竖向管线按不同功能类别集中布置。

机电设计与装修设计同步进行，避免机电管线对装修设计产生效果方面的影响，机电管线在走道梁下敷设。卫生间微降板，预留排水管线的架空层。进行各系统间的集成优化设计，进行空间层面的管线优化，以管线系统为基础，结合界面系统的装修方案进行设计，尽量将管线布置在相对集中的界面。例如，给水排水、电气管线集中设置在吊顶和隔墙空腔内，暖通风管集中布置在吊顶内。

机电各专业管线均通过支吊架安装，无暗埋于结构体系内（图 11-47～图 11-50）。

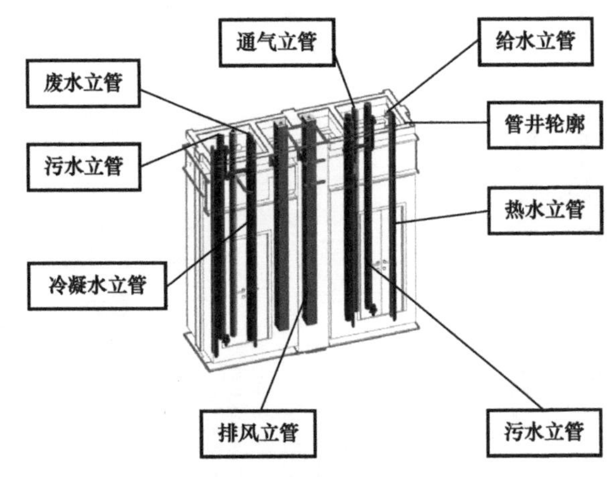

图 11-47　竖向管井管线分离 BIM 示意图

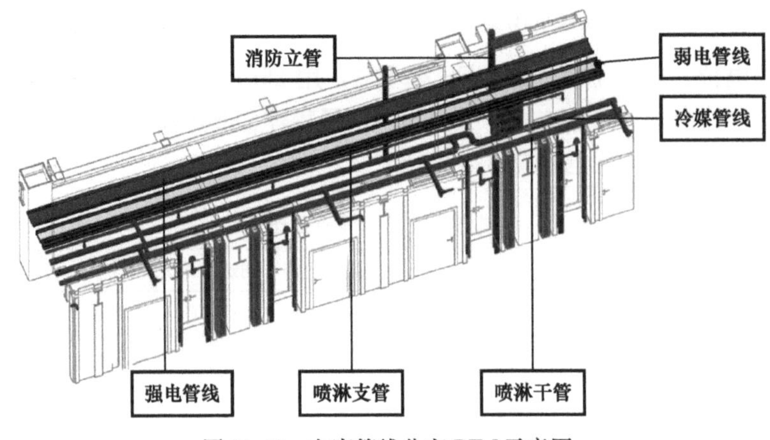

图 11-48　走廊管线分离 BIM 示意图

图 11-49　走廊管线实景图

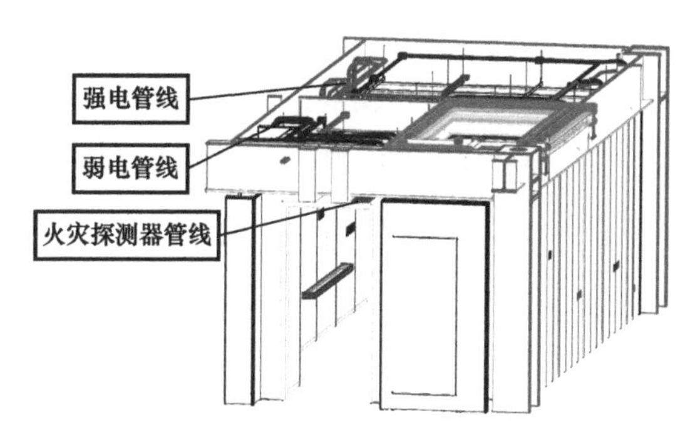

图 11-50　客房天花机墙体管线分离示意图

11.3　主体结构工程

11.3.1　施工总平面布置

平急酒店项目涉及土建结构、钢结构、初装修、精装修、室外道路、洁净、强弱电、给水排水、消防等众多专业，施工工期十分紧张，酒店施工过程中将出现多个专业同时施工、交叉作业的情况，材料、机械、设备投入量极其庞大，总平面布置极其复杂。因此，必须根据酒店项目建设的特点，结合以往项目经验，针对项目场地的实际情况综合考虑、合理规划，减少相关专业施工之间的干扰，加快施工进度（表 11-5）。

施工平面布置基本原则　　**表 11-5**

序号	基本原则	内容
1	紧凑布置、经济实用	在满足业主招标文件要求以及政府有关规定的前提下，总平面布置应根据现场施工生产需求紧凑合理布置，实用为先，尽量少用施工用地
2	依据部署就近布置	依据整体施工流水分区，将钢筋加工车间就近布置在相应施工区的周边，模板、木方、架料、钢结构等材料就近布置在施工区附近可用场地，同时尽量布置在塔式起重机覆盖范围以内，缩短运输距离，避免材料及构件二次转运
3	分阶段布置匹配进度	依据整体施工部署，总平面布置可分为桩基施工阶段、土方开挖阶段、承台底板施工阶段、主体施工阶段、机电装修阶段
4	施工需求积极响应	不同施工阶段对于总平面布置有不同的需求，总平面布置要积极响应现场施工需求。在主体结构施工阶段主要进行架体、钢筋、模板、混凝土施工，总平面布置需优先满足架料、钢筋、模板、混凝土施工的需求；在屋面钢结构吊装阶段主要进行钢结构施工，平面布置需优先满足钢结构施工的需求；在工程总承包阶段主要进行各专业分包商施工，总平面布置需优先满足专业分包材料加工场、材料堆场的需求
5	人车分流、车车分流	人员出入口与施工车辆出入口分开设置，人行安全通道与现场临时车道分开布置，实现人车分流；规划不同的出入口及行车路线，实现各标段车辆分流
6	“五防”原则	现场防火、防水、防盗、防尘、防扰民措施应齐全且布置合理，减少对环境和周围居民的影响，消除不安全因素

塔式起重机布置原则详见 11.3.7 钢结构安装。

根据工程施工特点，施工电梯采用外附的方式进行布置，其布置原则如下：

（1）使用较安全且不占用塔楼外场地，有利于现场平面布置，充分利用有限的施工场地。

（2）便于安装和设置附墙装置。

(3) 考虑现场配电箱及照明灯具的位置，保证夜间照明良好。

(4) 方便材料运输的进出，在楼层平面布局中选择较为宽敞的房间作为进出口。

(5) 有施工通道，施工人员上下方便。

11.3.2 施工进度计划

施工单位应根据项目楼栋情况、自开工至竣工验收所需的总工期倒排各栋里程碑节点、编制进度计划图，尽量提前穿插各工序（表 11-6）。

里程碑节点计划（以 18 层/7 层酒店、总工期 136d 为例）　　表 11-6

序号	主要节点	开始时间（第×天）	完成时间（第×天）	持续时间
1	清表及临时道路施工	1	11	11d
2	基础工程	1	26	26d
3	主体结构	30（18 层） 22（7 层）	113（18 层） 70（7 层）	84d（18 层） 49d（7 层）
4	幕墙工程	53（18 层） 35（7 层）	119（18 层） 71（7 层）	67d（18 层） 37d（7 层）
5	装饰装修工程	46（18 层）	119	74d（18 层）
6	机电工程	39（18 层）	116	88d（18 层）
7	室外工程	74	119	46d
8	竣工验收	119	134	15d

11.3.3 预制构件生产和运输

模块化建筑预制构件主要由模块化箱体及交通核钢结构两部分组成。

1. 箱体生产和运输

(1) 箱体加工制作

1) 箱体制作工艺流程

箱体模块尺寸包括两种，分别为 11.2m×3.6m×3.3m、9.0m×3.6m×3.3m（长×宽×高），其结构、机电及装饰工程均在制作厂内采用干式工法组装完成后整体发运至现场进行吊装，现场仅需进行房间竖向管井与走道公共区域的机电接驳及装修工程施工。制作厂内主要施工内容包括主体钢结构和装修两部分（图 11-51）。

2) 箱体制作工艺要点

箱体底架加工工艺流程：下料预处理→底框梁装配→底横梁定位→焊接→翻边→焊接→清理打磨→矫正。

① 下料切割

项目模块底架，底侧梁、底横梁均为矩形管，需要锯床切割下料，下料长度根据焊接收缩量减尺，底侧梁坡口按设计图纸焊接等级要求，下料后去除毛刺飞边，锯口斜度小于 1mm。下料前应仔细核对钢管的材质、规格、尺寸是否正确，核对无误后方可进行切割（图 11-52）。

底架进行胎架组装时，组装用的平台和胎架应符合构件装配的精度要求，并具有足够的强度和刚度，组装前需经专人验收合格后方可使用（图 11-53）。

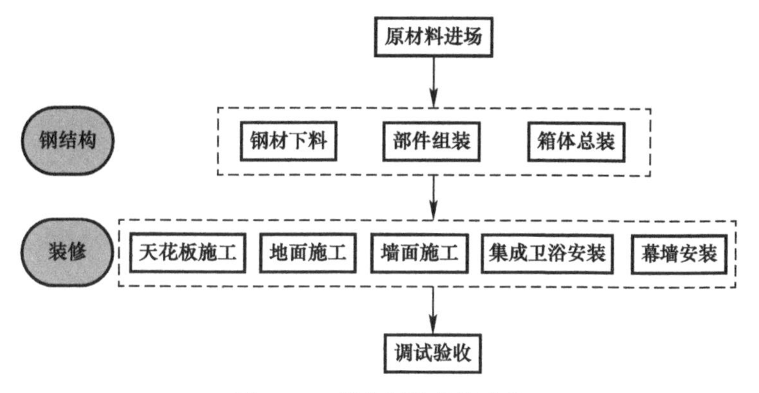

图 11-51　箱体制作整体流程

图 11-52　工厂下料切割实景

图 11-53　工装胎架

焊接底侧梁外宽定位尺寸 3570mm；底侧梁对角线误差要求≤10mm。底架在组立前应在平台上标出底架中心线、侧梁位置线与底横梁定位线，同时检查底侧梁材质、规格、尺寸的正确性，合格后方可进行组立（图 11-54、图 11-55）。

图 11-54　底架组立实景 1

图 11-55　底架组立实景 2

② 底横梁定位

根据设计图纸按图施工，将底横梁和底侧梁安装地板面放在平台上，在平台上根据底横梁定位线找平，找准底横梁位置，可使用工装、卡板、靠山等定位措施，将底横梁定位固定，控制底横梁位置精度，地板拼缝处应设置宽底横梁，宽、底横梁的位置尺寸公差

图 11-56 底架降板

范围为±2mm。

底横梁与底侧梁上表面装平，不允许出现高低不平的情况，集成卫浴位置底横梁与底侧梁装配台阶 150mm（图 11-56），降板区域尺寸控制精度为 0～2mm。

底部管道井应设置型材框，开孔尺寸要求定位准确，内径尺寸按 0～2mm 定位装配。

③ 支撑角钢

根据设计图纸要求，底架需要填充岩棉或其他保温材料，在底架底横梁下表面需要铺镀锌钢板封底。为方便镀锌钢板铺设施工，在底横梁下表面沿底侧梁安装镀锌板支撑角钢，保证与底横梁表面平齐。

④ 底架焊接

底横梁的焊接采用三面围焊，不能漏焊、气孔、偏焊，与底横梁平齐面不焊接，焊角高度不小于 4mm，未焊接一边需打胶密封。

支撑角钢上下间断焊，上表面焊缝尽量焊小，不能超底横梁表面。

焊接底横梁采取间隔焊接，避免连续焊接造成焊接变形过大。

飞溅焊瘤要求清理干净，底横梁上面的焊瘤要打磨干净。

⑤ 矫正

底架焊接完成后应进行矫正，矫正分为机械矫正和火焰矫正两种形式，其中焊接角变形采用火焰烘烤或用矫正机进行机械矫正，矫正后的钢材表面不应有明显的划痕或损伤，划痕深度不得大于 0.5mm。弯曲、扭曲变形采用火焰矫正，矫正温度应控制在 600～800℃，且不得有过烧现象。

3）箱体前后端板加工

① 下料

角柱、端上梁及端下梁均为矩形管，型材方管需要锯床切割下料（图 11-57），下料长度根据焊接收缩量减尺，底侧梁坡口按设计图纸焊接等级要求，下料后去除毛刺飞边，锯口斜度小于 1mm。

板材需要激光下料或者采用 CNC 数控切割机火焰切割，操作人员应当将钢板表面距切割线边缘 50mm 范围内的锈斑、油污、灰尘等清除干净，下料前应对钢板的不平度进行检查，要求厚度≤15mm，不平度≤1.5mm/m，厚度＞15mm，不平度≤1mm/m。如发现不平度超差的禁止使用，定位螺栓连接孔不允许火焰切割，宜采用机床加工成型，螺栓孔定位精度要求±1mm，孔径 0～1mm（图 11-58）。

② 连接盒制作

连接盒装配焊接应有工装夹具，保证尺寸准确，底板和顶板保证平行，焊缝要求为全熔透焊，焊缝需熔透，不允许有气孔、夹渣、裂纹等焊接缺陷，焊接完成后需 100%UT 探伤。

在三检焊缝 UT 探伤检测合格后角件盒需打砂喷涂 20μm 富锌底漆，喷涂面为除螺栓孔底板正反面外的其他所有面（包括手孔内腔）。如三检无法赴厂探伤检测，则无须在厂

图 11-57　材料打坡口

图 11-58　板材下料

内打砂油漆（图 11-59）。

角件盒要按箱体成组成套制作，不要按型号制作，否则会造成无法配对箱体，所有角件盒在显著位置标注型号。

③ 角件立柱定位装配

端框应有工装、夹具、螺栓定位孔等应用胎具以保证定位精度，精度要求±1mm；角柱高度按照 3280mm 进行定位，端框宽度按照 3570mm（柱到柱）进行定位，注意角柱定位时必须以底部角件为基准，避免由于底角件不共面造成箱体歪斜（图 11-60、图 11-61）。

图 11-59　喷涂示意图

图 11-60　定位工装示意图 1

图 11-61　定位工装示意图 2

④ 梁定位装配

在平台上按端框图纸尺寸放线，将端框梁用工装、夹具固定在平台上，点焊定位。端上梁和端下梁外平面与角柱水平共面，注意方管自然拼焊焊道朝向箱内方向。

⑤ 端框装配

在平台上按端框图纸尺寸放线，将端框用工装、夹具固定在平台上，点焊定位。按图纸进行检测测量，确认无误后焊接。

关注点：箱体的角件盒分为两类，一类为连接螺栓孔在柱底的端柱角件盒，另一类为连接螺栓孔在柱边的中柱角件盒。A1～A4 楼栋端柱角件盒与梁柱需有 5mm 装配阶差，中柱角件盒和梁柱无装配阶差；A5 楼栋端柱角件盒和中柱角件盒与梁柱均有 5mm 装配阶差（图 11-62、图 11-63）。

图 11-62 端柱角件盒

图 11-63 中柱角件盒

图 11-64 端框装配

精度要求：高度允许偏差－3～0mm；宽度允许偏差 0～3mm；对角线允许偏差±5mm；箱角间平整度±2mm；梁柱间平整度±2mm；弯曲度 1/1000；连接盒定位±2mm；螺栓孔定位±1mm（图 11-64）。

⑥ 门窗框等辅构件定位装配设计

端部如有门窗窗洞需根据窗户要求焊接副框，箱外部分门窗框应满焊，保证密封。空调间应采用 2～4mm 板材折弯加工而成，尽量减少焊道，避免焊接变形，焊道必须满焊，空调管开孔不可以采用火焰切口，宜用开孔器或者冲孔。洞口尺寸需保证正公差，长度 0～3mm；宽度 0～3mm；对角线±5mm；洞口定位尺寸±3mm。门窗洞口的长度和宽度尺寸分别应上、中、下、左、中、右各测量 3 组。

⑦ 端框焊接

连接节点要求将切割边打磨平，保证外观质量，按图纸开设坡口，保证焊缝强度，防止开裂。角件周边焊缝要求成型美观，不允许有气孔、夹渣、裂纹等焊接缺陷。

端顶梁焊后要求进行校正，直线度要求≤3mm（图 11-65）。

4）箱体顶板加工

① 下料

顶侧梁为矩形管，型材方管需要锯床切割下料，下料长度根据焊接收缩量减尺，下料后去除毛刺飞边，锯口斜度小于 1mm；顶板为 1.6mm/2mm 厚波纹钢板，顶板开卷，打砂喷漆冲压成型后修边（如使用镀锌板则无须打砂喷漆），修边靠后定位剪宽度方向，修边靠直角边剪长度方向。

公差要求：a. 修边后对角线差 2mm 以内。b. 波谷在长度方向上要求拱度 5mm 以上。c. 顶板大小头差小于 1mm。

② 顶框装配

底部管道井应设置型材框，开孔尺寸要求定位准确，内径尺寸按 0～2mm 定位装配。

拼板时错边要求≤1mm，高低板≤0.5mm，顶板的对角线误差≤5mm。

管道井开孔尺寸要求定位准确，内径尺寸按 2mm 定位装配（图 11-66）。

图 11-65　端框组焊示意图

图 11-66　顶框装配图

③ 顶板焊接

顶板拼板自动焊渗透率要求≥95%，自动焊要求成型美观。

顶板不允许下凹，装配前注意检查。

顶板不允许有漏光、偏焊、气孔等缺陷（图 11-67）。

图 11-67　顶板焊接图

5）箱体总装（图 11-68）

① 部件就位

模块箱体组装必须有专用的适应模块尺寸的总装台，总装台带有定位和固定的工装夹具。底架就位后，放置前、后端及中端框，调节间隙，检查尺寸，使用工装夹具定位好端框。装顶框，调节顶框和顶侧梁端上梁的装配距离，检查管井尺寸和位置，与底盘管井开口保持对应（图 11-69）。

② 装配定位

总装时顶部、底部和侧面对角线误差 10mm 以内，角柱的垂直度 3mm 以内。

总装时（含角件盒）长度、对角线误差按照设计要求进行定位。

顶底部管道井尺寸保证共面，总装时需要吊垂线检测管道井的共面度，要求共面度保证在 5mm 以内，同侧梁柱的定位需要共面（图 11-70）。

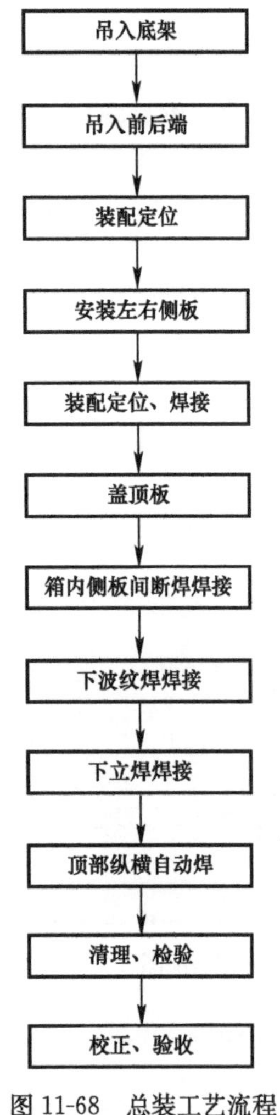

图 11-68　总装工艺流程

③ 焊接

顶板和顶侧梁焊接之前点焊贴紧，消除间隙。

箱体顶底梁与端梁的焊缝，要求焊接饱满，弧坑填满，不允许存在裂纹、气孔、夹渣等缺陷。

顶板不能下凹。

焊接缺陷处理好，不能有气孔、烧穿、飞溅，焊瘤打磨干净，打磨不能伤母材。

顶底部管道井尺寸必须统一，保证箱体堆叠后井口一致(图 11-71)。

④ 检验

根据《箱式钢结构集成模块建筑技术规程》T/CECS 641—2019 及结构验收内容编制专项验收表。

6）箱体二次打砂

整箱打砂前对箱体上的飞溅、焊丝头、焊瘤、焊渣、粉笔字、油污、脚印等必须清理清洗干净，零部件板边毛刺、锐边打磨符合要求，由 QC 确认后打砂，整箱打砂主要针对焊缝区域。

如无整箱打砂设备的或打砂难以到达的隐蔽区域或打砂可能会导致严重变形的薄板焊道，与技术人员或监理工程师沟通后可进行砂轮机打磨处理，但必须经过 QC 确认。

使用粗糙度计、清洁度胶带、粗糙度对照表及放大镜等对打砂质量进行检查，确保粗糙度达到 Sa2.5 等级，清洁度在 ISO 8501-1 等级 2 以上，密度达到 85%。

QC 对打砂后的焊道再一次进行确认，确保焊接质量符合要求。

QC 对打砂质量及焊接最终确认后，由品控主管通知监理工程师对箱体打砂质量进行确认后方可进行油漆施工。

图 11-69　总装拼接台

图 11-70　总装拼接

7）箱体油漆喷涂

箱体油漆体系箱外（含角柱）为 80μm 富锌底漆，80μm 环氧云铁中间漆，80μm 聚氨酯面漆，面漆色号 RAL7035；箱内漆为 80μm 富锌底漆，100μm 环氧云铁中间漆。

油漆施工前 QC 用手摇温/湿度计、露点盘、红外测温仪测量出环境湿度、露点及母材温度，确认湿度≤85%，母材温度高于露点超过 3℃方能进行油漆施工。

按照技术人员下发的《油漆定额及膜厚》对油漆、稀释剂、固化剂的型号、批号等进行检查，并查证材料质量保证书，必须符合要求。

图 11-71　总焊打磨

喷涂前对隐蔽部位或油漆喷枪无法到达的部位采用滚筒进行底漆预涂，QC 检查确保无漏涂。

连接盒螺栓安装面喷漆前需做屏蔽，不允许喷涂油漆。

按照《油漆控制程序》在油漆房进行底漆施工，施工前检查油漆配合比是否符合油漆服务商提供的《油漆施工工艺》的要求，施工过程中使用湿膜卡对膜厚进行实时测量，确保膜厚。

油漆施工完成后检查油漆施工质量，无漏喷、流挂、堆积、漆点、漆渣等。

8）箱体防火喷涂

模块化箱体钢柱采用防护板包覆，满足 2.5h 耐火极限，不喷涂防火涂料；模块化箱体主梁采用薄型防火涂料，满足 1.5h 耐火极限。

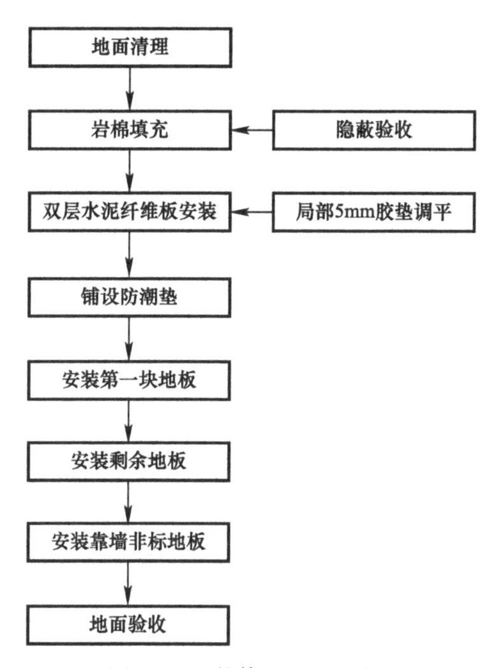

图 11-72　箱体地面施工流程

基材检查：表面预处理合格，经自检和 QC 确认后进行下道工序。

本工程薄型防火涂料采用压送式喷吐机具或挤压泵，配能自动调压的 0.62～0.9m^3/min 的空气压缩机，喷枪口直径为 6～10mm，空气压力为 0.4～0.6MPa。一般来说，要使表面更平整，喷嘴宜小一些，喷压大一些。单喷嘴过小，粒状涂料出不去；空气压力过大，涂料反弹损耗多。

现场操作人员随身携带测厚针检测喷涂的厚度，直到符合规定要求的厚度要求，方可停止喷涂。防止涂层有的部位厚，有的部位薄，随时检测使涂层厚度均匀，并可避免喷涂太厚而浪费材料。确保涂层表面均匀平整，对喷涂的涂层要适当维护。涂层有时出现明显的乳突，应该用抹灰刀等工具剔除乳突状。

9）箱体地面装修施工（图 11-72、表 11-7）

10）箱体墙面装修施工（图 11-73）

轻钢龙骨隔墙安装施工工艺如表 11-8 所示。

箱体地面施工工艺 表 11-7

序号	施工步骤	技术措施
1	岩棉填充	底封板上铺设 100mm 岩棉，岩棉要求填充密实、完整，且岩棉材质要求需符合设计要求
2	双层水泥纤维板铺设	(1) 水泥纤维地板长度方向间距 3mm，宽度方向地板与底侧梁搭接按照图纸施工，水泥纤维板与底侧梁/底横梁用自攻自钻钉连接，螺钉间距按图布置弹线定位，自攻钉钉头与水泥板表面阶差保证统一，地板钉沉入地板 1～2mm； (2) 水泥板切割使用无尘锯，切割时要有防尘措施；水泥板切割面要求平整；水泥纤维板拼缝处高低差控制在±0.5mm 以内，拼缝处不允许出现破损； (3) 水泥纤维板拼缝、地板钉沉孔位置刮原子灰，原子灰必须打磨平整； (4) 为了保证底内饰面的平面度，水泥纤维板完工面的平整度要求≤3mm；局部不平整的区域采用 5mm 胶垫调平； (5) 底层/二层水泥纤维板必须错缝安装，错缝距离大于 200mm
3	清理地面	利用吸尘器将底板浮灰及杂物清理干净
4	安装第一块地板	铺装地板的走向通常与房间行走方向相一致或根据用户要求，自左向右或自右向左逐排依次铺装，公槽向墙，自右向左逐排依次铺装，凹槽向墙，地板与墙之间放入木楔，留足伸缩缝（5～10mm）
5	安装剩余地板	地板的连接方式为锁扣连接。在房间、厅、堂之间接口连接处，地板必须切断，留足伸缩缝，用收口条、五金过桥衔接，门与地面应留足 3～5mm 间距，以便房门能开闭自如
6	安装靠墙非标地板	当靠墙边遇到空间不足时，根据剩余空间尺寸进行调整，使用手提锯切割地板，然后进行安装

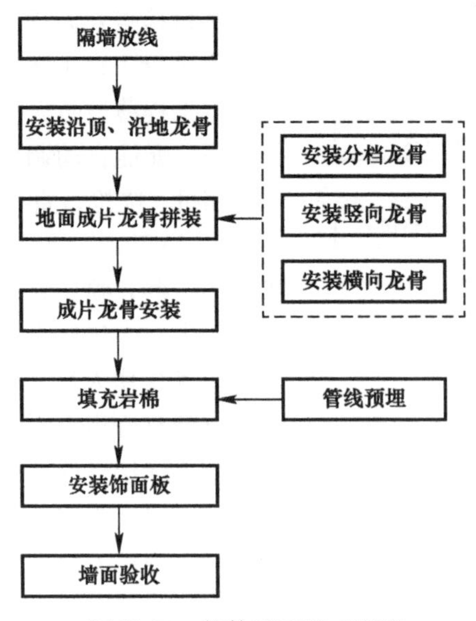

图 11-73 箱体墙面施工流程

轻钢龙骨隔墙质量通病防治如表 11-9 所示。

饰面板安装工艺如表 11-10 所示。

轻钢龙骨隔墙安装施工工艺　　**表 11-8**

序号	控制项目	控制要点
1	放线	根据设计施工图，在箱体侧面及地面放出墙体位置线、门窗洞口边框线，并放好顶龙骨位置边线
2	安装沿顶龙骨和沿地龙骨	按已放好的隔墙位置线，按线安装顶龙骨和地龙骨，龙骨材料、尺寸规格满足装修设计图纸要求，墙面上/下底边龙骨与钢结构用盘头钻尾螺丝连接
3	安装龙骨	(1) 根据墙体放线门洞口位置，在安装顶地龙骨后，按罩面板的规格，分档规格尺寸，不足模数的分档应避开门洞框边第一块罩面板位置，使破边罩面板不在门洞框处。 (2) 钢龙骨间距不大于 400mm，根据深化图位置布置一些加固条，横/竖向龙骨用自攻自钻钉连接，龙骨平整度不超过 3mm。 (3) 根据设计要求，隔墙高度大于 3m 时加横向卡档龙骨，采用抽芯铆钉或螺栓固定
4	机电管线铺设	根据机电管线深化图，在轻钢龙骨间进行管线布设，并定位固定开关、插座等底盒。线管布置要求横平竖直、美观；所有线管需要固定，要求牢固不能松动
5	岩棉填充	根据龙骨尺寸平整裁剪岩棉，岩棉需填满龙骨、无间隙，与龙骨面平齐
6	安装饰面板	安装饰面板前先安装墙体内的电管、电盒和电箱设备。从门口处或角柱处开始安装一侧的罩面板，无门洞口的墙体由柱的一端开始。安装墙体内岩棉后进行外侧饰面玻镁板安装。内饰板平整度不超过 3mm

轻钢龙骨隔墙质量通病防治　　**表 11-9**

序号	控制项目	防治措施
1	饰面板变形	(1) 隔断骨架必须经验收合格后进行饰面板铺钉。 (2) 板材铺钉时应由中间向四边顺序钉固，板材之间密切拼接，但不得强压就位，并注意保证错缝排布。 (3) 隔断端部与建筑墙、柱面的顶接处，宜留缝隙并采用弹性密封膏填充。 (4) 对于重要部位的隔断墙体，必须采用附加龙骨补强，龙骨间的连接必须到位并铆接牢固
2	阴阳角不顺直	(1) 平顶封板前要严格检查龙骨基层是否平整，连接是否牢固。 (2) 施工中自攻螺钉排钉间距要均匀，固定要牢固
3	洞口周边裂缝	(1) 设备或洞口周边应增设加强龙骨，设备与固定件周边要加设防振垫。 (2) 龙骨施工要充分考虑检修口、设备洞口的布置，并按要求做好防裂缝措施

饰面板安装工艺　　**表 11-10**

序号	控制项目	控制要点
1	测量放线	现场用红外线水平仪根据顶面对缝线确定墙饰面板安装起始线、完成面线、踢脚线位置
2	顶墙收口线条安装	在顶面已经安装完毕的情况下，在紧靠顶面完成面的墙顶收口位置安装墙顶收口线条
3	墙面板安装	以阴角位置为安装起始位置，靠阴角一侧的墙面板背面打免钉胶，以固定牢靠；另一侧（母口一侧）则用螺钉予以固定。注意，墙面板顶部须插进顶墙收口里面。为了板材的安装牢固度，在饰面板背面板中间与龙骨相接部位可打免钉胶进行粘接固定
4	墙地收口组件安装	阳角板的安装方式与平面墙饰面板的安装方式一致：一端卡进上一块板的母槽内，另一端通过螺钉进行固定。需注意阳角板在工厂进行铣槽加工，平板包装运输到现场，由现场进行折弯成阳角，并在折弯处打上免钉胶。墙饰面板安装及地面饰面安装完毕后，进行踢脚线的安装；暗装踢脚线分为扣件和压条两部分，先使用螺钉将扣件固定在找平龙骨上，然后将压条卡入扣件内

饰面板质量通病防治如表 11-11 所示。

饰面板质量通病防治 **表 11-11**

序号	控制项目	控制措施
1	墙面表面平整度超出允许偏差	(1) 基层安装时要保证平整要求。 (2) 墙面板安装前确保平整度，表面变形超出范围做不良处理
2	墙板内凹，且与基层有撞击感	如发现墙板背面有漏贴单贴泡棉时，需在墙面背面与中间龙骨接触位置增加单贴泡棉

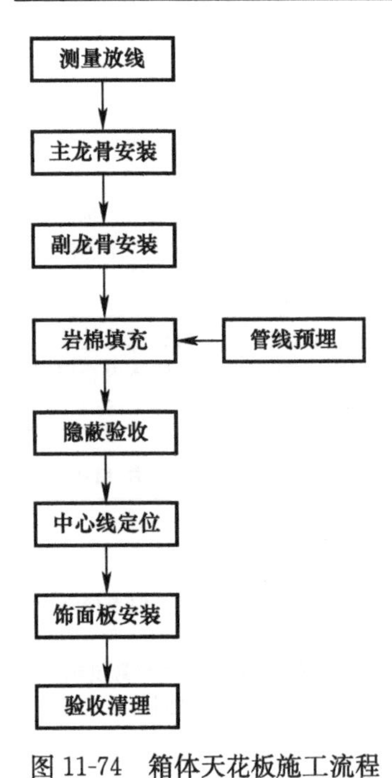

图 11-74 箱体天花板施工流程

11）箱体天花板装修施工（图 11-74）

天花板施工工艺如表 11-12 所示。

天花板质量通病防治如表 11-13 所示。

12）箱体门窗施工（图 11-75）

门窗施工工艺如表 11-14 所示。

门窗质量通病防治如表 11-15 所示。

13）箱体集成卫浴施工

本工程箱体内部采用集成卫浴，安装速度快，施工便捷。集成卫浴部件均在供应商生产完毕后，在模块化箱体制作厂内进行拼装。

集成卫浴组成部分包括八大件，分别为底盘、围壁、天花、门、五金、洁具、电器、管系（图 11-76～图 11-80）。

集成卫浴安装施工工艺如表 11-16 所示。

集成卫浴安装要点如表 11-17 所示。

(2) 箱体运输

模块化箱体采用工厂标准化制造加工，箱体运输包含结构制造厂与装修厂、角件盒制造厂与结构制造厂之间的半成品运输，装修厂至临时堆场、临时堆场至项目现场的箱体成品运输。本工程运输箱式模块产品属于超宽、超长构件等，需要特殊运输车辆。

天花板施工工艺 **表 11-12**

序号	施工步骤	技术措施
1	弹线定位	根据施工图纸，按照施工要求弹线：天花标高线和水平线（1m 线），基准对缝线，在地面定位顶挂吊件定位点，再通过红外线在吊顶定位顶挂找平件安装点。水平线（1m 线）用于确定顶挂找平件和天花标高
2	吊顶龙骨安装	(1) 根据施工图进行吊顶龙骨的定位放线，天花龙骨与钢结构顶横梁用自攻自钻钉连接。 (2) 龙骨排布根据装修设计图纸排布，根据消防、灯具等安装要求，天花龙骨安装加固板，主副龙骨用专用扣件连接，天花龙骨平整度不超过 3mm
3	岩棉填充	根据龙骨尺寸平整裁剪岩棉，岩棉需填满龙骨无间隙，与龙骨面平齐
4	石膏板安装	(1) 防火石膏板安装在副龙骨上，采用螺钉连接。考虑到挤压，石膏板拼缝间隙 3～4mm，石膏板面 2m 内平整度不超过 3mm。 (2) 石膏板螺钉，在接缝和边缘处间距 200mm 左右，其余间距 300mm 左右，螺钉与板边缘的间距应≥10mm，距离切割过的板边缘应≥15mm；石膏板自攻钉沉入板面以下，但不得损坏纸面，钉眼采用腻子修补

续表

序号	施工步骤	技术措施
5	机电管线铺设	（1）严格按照深化图及 BIM 模型进行机电管线铺设，对于碰撞冲突的部位需采用分层处理。 （2）线管布置要求横平竖直、美观；所有线管需要固定，要求牢固不能松动。 （3）新风管道安装横平竖直，与管道井方向垂直，并延伸至新风管道井口；管道固定需采用专用的卡箍固定，牢固不能松动；管道连接使用专用的连接密封件；管道密封测试合格后方可进行封板施工。 （4）消防管安装横平竖直；消防管需采用专用的金属卡箍固定，牢固不能松动；消防管与三通、变径等转接件连接时，需采用专用的密封材料；消防管道压力测试合格后方可进行封板施工
6	饰面板安装	（1）房间内所有机电管路安装完成后，进行最终电路测试，要求开关、插座、灯具等通电正常； （2）天花内饰板用内饰板安装在副龙骨上，内饰板平整度不超过 3mm

天花板质量通病防治　　**表 11-13**

序号	控制项目	控制措施
1	轻钢龙骨、铝合金龙骨纵横方向线条不平直	（1）凡是受扭折的主、次龙骨一律不宜采用。 （2）按设计要求弹线，确定龙骨吊点位置，并且符合有关标准要求。 （3）四周墙面或柱面上，按吊顶高度要求弹出标高线，弹线清楚，位置正确，可采用水柱法弹水平线。 （4）将龙骨与吊杆（或镀锌铁丝）固定后，按标高线调大龙骨标高，调整时一定要拉通线，大房间可根据设计要求起拱。 （5）逐条调整龙骨的高低位置和线条平直。 （6）对于不上人吊顶，龙骨安装时挂面不应挂放施工安装器具
2	吊顶造型不对称，罩面板布局不合理	（1）按照吊顶设计标高，在房间四周的水平线位置拉十字中心线。 （2）严格按设计要求布置主、次龙骨。 （3）中间部分先铺整块罩面板，余量应平均分配在四周最外边一块，以及不被人注意的次要部位
3	吊顶明显不平，出现波浪形，空鼓、开裂	（1）严格控制吊顶四周的标高线。 （2）调平龙骨，并控制好间距。 （3）确保板块自身的水平。 （4）提高施工工艺水平

1）箱体运输计划

箱体运输计划依据项目箱体安装计划制订，与箱体发运计划保持一致。以某项目为例，箱体运输计划如表 11-18 所示。

2）运输设备配置计划

箱体运输一般采用 13m 和 17.5m 板车运输，运输至堆场的车辆可采用两种型号；运输至现场的车辆，一般只能使用 13.5m 板车，以便场内顺利转弯。项目所有车辆均需运抵堆场后再发运至现场。

如某项目箱体制作的发运路径如下：结构制作厂→装修制作厂→现场临时堆场（A1、A2、A5 栋部分箱体）→项目现场，单个箱体共计 2～3 次运输（未考虑结构箱在场内的倒运情况），预计项目运输车次约为 1188×3＝3564 车次。部分高峰时段，采用临租设备配合进行箱体吊运，具体以现场实际情况为准（表 11-19）。

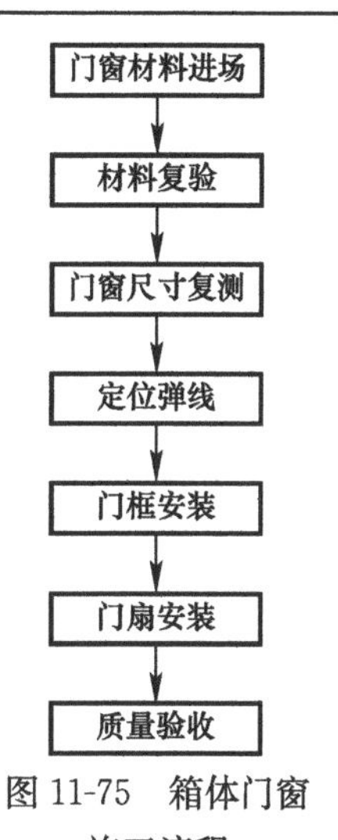

图 11-75　箱体门窗施工流程

门窗施工工艺　　表 11-14

序号	施工步骤	施工技术措施
1	弹线定位	主体结构经过核验合格后，即可从顶梁、立柱开始复测检查门、窗位置的准确度。轻钢龙骨定位时，提前预留门窗洞口位置，在窗口位置设角钢或方通进行副框位置定位预留
2	门框安装	(1) 安装前先找正套方，防止在运输及安装过程中产生变形，并应提前刷好防锈漆。门框应按设计要求及水平标高、平面位置进行安装，并应注意成品保护。 (2) 当门窗框装入洞口时，其上下框中线应与洞口中线对齐并临时固定，然后再按图纸确定门窗框在洞口墙体厚度方向的安装位置。安装时应采取防止门窗变形的措施。应随时调整门窗的水平度、垂直度和直角度，用木楔临时固定
3	幕墙安装	门框安装固定后，进行玻璃安装。须确保玻璃与框体间打胶质量

门窗质量通病防治　　表 11-15

序号	控制项目	控制措施
1	门框翘曲和窜角	(1) 门框采用的材料厚度要按照国家规定，主要受力构件厚度应符合规范要求。 (2) 门框四周填塞时要适宜，防止过量的向内弯曲。 (3) 在运输、装卸和堆放过程中不注意，保管不善，导致安装时垂直度、平整度自检不合格。安装前认真进行检查，发现翘曲和窜角及时校正处理
2	门窗框不方正	安装时使用木楔临时固定好，测量并调整对角线达到一样长度，然后用铁脚固定牢固
3	上下门不顺直，左右门标高不一致	严格按操作工艺的施工要点进行，施工前进行门框定位

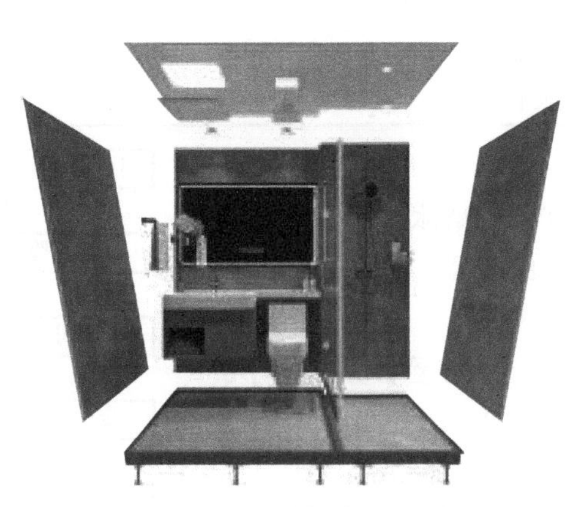

图 11-76　集成卫浴示意图

图 11-77　集成卫浴照片

为确保项目履约，在箱体从装修厂发运至堆场及堆场转运至现场过程中，运输路线交叉，箱体运输车辆存在压车滞留情况；同时，因高峰期单个结构厂、装修厂出箱数量可达40台以上，为确保箱体第一时间进行转运，部分运输车辆存在压车等待情况，考虑上述各环节的压车风险，每个箱体压车时间按照1个台班考虑。

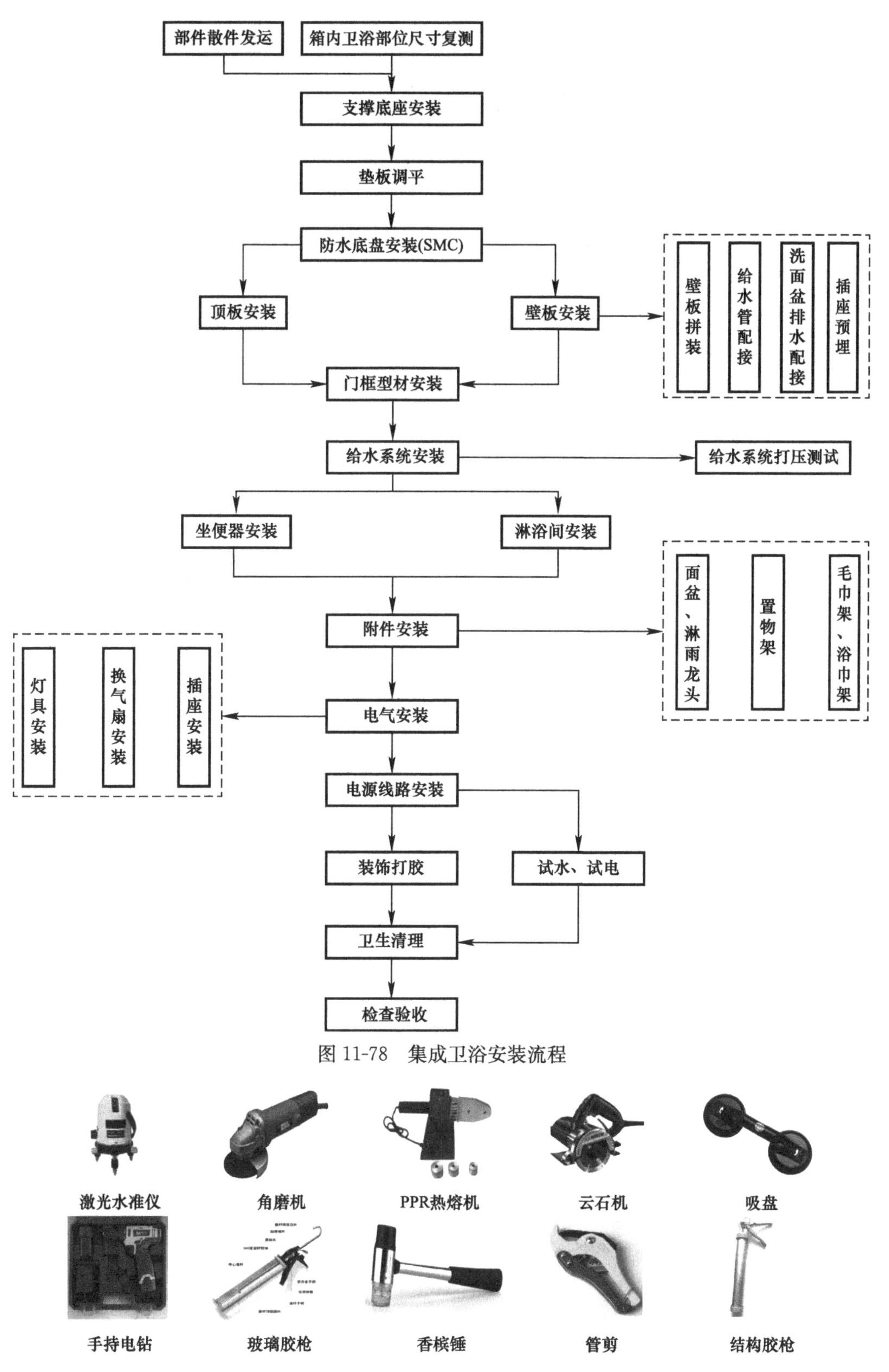

图 11-78　集成卫浴安装流程

图 11-79　安装机具准备

图 11-79　安装机具准备（续）

图 11-80　集成卫浴专用部件

集成卫浴安装施工工艺　　表 11-16

施工工序	控制要点
防水底盘安装	(1) 地漏：将地漏组件拆分，然后将密封圈安装到底盘上，再重新组装地漏，最后用防霉密封胶加固且防渗漏。 (2) 法兰：先将防霉密封胶打至法兰内圈，然后放置到防水盘预留的孔洞中，最后用自攻钉加固即可。 (3) 排水管连接：按照相对应的集成卫浴型号排管图预制连接。 (4) 闭水试验：排污管按照图纸预制完毕后，将预留的各管口临时封堵，做闭水试验，保证无渗漏。 (5) 防水盘安装：根据 1m 线和门洞尺寸调节防水盘的摆放尺寸及位置，以保证防水盘的水平度。直排安装在调节好后 24h 内禁止踩踏
墙板安装	(1) 墙板拼装：在平整的地面上铺纸箱或者木板，然后按照安装图纸用 U 形型材进行拼装。 (2) 给水管预埋：按照图纸在墙板上用 ϕ22、ϕ25 的开孔器开孔，用自攻钉安装 PPR 管卡，最后将 PPR 加长外螺钉预留至开好的孔洞中，用锁紧螺母进行加固。 (3) 墙板组装：将拼装好的墙板按照安装图纸顺序进行组装，然后用墙角压线进行固定密封
顶盖、门安装	(1) 顶盖安装：按照图纸方向将顶盖放置地墙板顶端，注意排风扇方位。然后对齐墙板在顶盖上用自攻钉固定即可。 (2) 门安装：用红外线水平仪调校门框的垂直度后用自攻钉固定，必须保证缝隙均匀，开关自如
洁具及配件安装	(1) 按照相对应型号的安装图纸先用铅笔确定尺寸划线标记，再用相对应规格的钻头开孔，然后逐步安装。必须保证横平竖直。 (2) 所有洁具及配件安装完毕后清理卫生
隐蔽工程验收	卫浴安装过程中水电均需进行隐蔽验收，包括给水打压验收、排水系统验收、通电验收等

集成卫浴安装要点　　**表 11-17**

序号	检查项目	检查内容	图示
1	排水立管点检	(1) 检查排水管道接驳口规格、数量、接口的预留位置、方向、高度是否符合安装要求。 (2) 同时注意检查管道有无破损，立管检修口盖是否拧紧。 (3) 排水管接口高度检查：根据装修 1m 线测量出接口的高度是否在设计高度范围内，同时考虑底盘厚度，复核底盘安装完成面标高是否符合设计要求	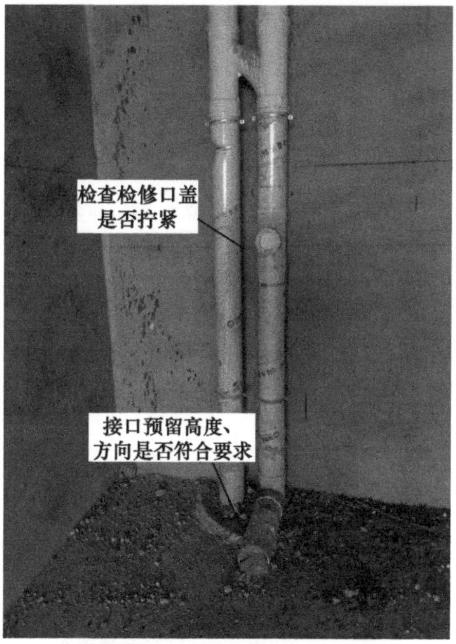
2	给水管点检	检查冷热给水是否都预留接驳点，给水管规格型号、预留位置是否符合安装要求。 备注：给水管规格一般为 DN15（俗称 4 分管或 20 管）和 DN20（俗称 6 分管或 25 管），预留位置一般在天花上方	
3	电线预留点检	检查电源线预留组数、预留点位、用线长度（≥1500mm）是否符合要求。 备注：灯具一般为 $1.5m^2$，普通插座和电器设备一般为 $2.5m^2$，大功率电器和插座一般为 $4m^2$，如浴霸、热水器等	

续表

序号	检查项目	检查内容	图示
4	换气孔点检	检查换气扇/带换气功能的浴霸排气口是否预留、止回阀是否安装完成	

箱体运输计划 表 11-18

楼栋	施工内容	总数量（台）	计划工期（d）
A1	结构箱生产	259	35
	成品箱生产		37
A2	结构箱生产	259	35
	成品箱生产		37
A3	结构箱生产	259	47
	成品箱生产		42
A4	结构箱生产	259	47
	成品箱生产		42
A5	结构箱生产	252	35
	成品箱生产		37

备注：上述结构箱生产周期不含角件盒生产时间。角件盒焊缝等级要求高、焊接难度较大，需协调至外部专业钢结构制作厂进行组立焊接。

箱体制作的发运路径 表 11-19

序号	机械设备	数量（台）	型号	用途
1	板车	110	17.5m	箱体运输
2	板车	100	13m	箱体运输
3	板车	40	13m（超低平板）	厂房高度局限的装修厂箱体外运
4	板车	40	13m	从堆场运输箱体至现场
5	随车吊	10	200t	装修车间箱体装车
6	汽车式起重机	20	80t	厂内箱体吊装
7	汽车式起重机	10	110t	厂外箱体吊装
8	汽车式起重机	3	250t	箱体转运
9	行车	4	20t	总装厂箱体吊运
10	叉车	20	5t	幕墙安装
11	叉车	10	10t	平板车转运牵引力

续表

序号	机械设备	数量（台）	型号	用途
12	100t 履带式起重机	4	SCC1000A-1	堆场箱体装、卸车
13	定制钢吊架	4	—	堆场箱体吊装

3）运输劳动力计划（表 11-20）

运输劳动力计划　　**表 11-20**

序号	工种	人员数量	备注
1	运输车驾驶员		如两班倒等
2	吊车操作工		
3	装、卸车工		
4	保安		
5	交通疏导管理		
6	运输调度管理		

4）箱体运输路线

项目应提前规划好箱体生产至装修厂、装修厂至项目周边临时堆场及临时堆场至项目现场的运输路线，一般至少有 3 条备选路线，确保供货运输。

当箱体数量较多，且制作厂分布相对分散，为确保现场吊装箱体的有序进场，项目所有箱体运抵项目所在地后均需发运至中转临时堆场进行存放或倒运后方可运至现场，避免因各厂发运箱体的到场时间不一致造成现场运输道路的拥堵。

同时，因各厂发运至现场的运输车辆长度不一（存在 13m 和 17.5m 两种车型，且板车高度不一），而现场场内运输道路的转弯半径及运输能力仅能适用于 13m 的平板车，需在临时堆场进行倒运后方可进场。

2. 钢结构的生产和运输

1）加工制作管理组织架构（图 11-81）

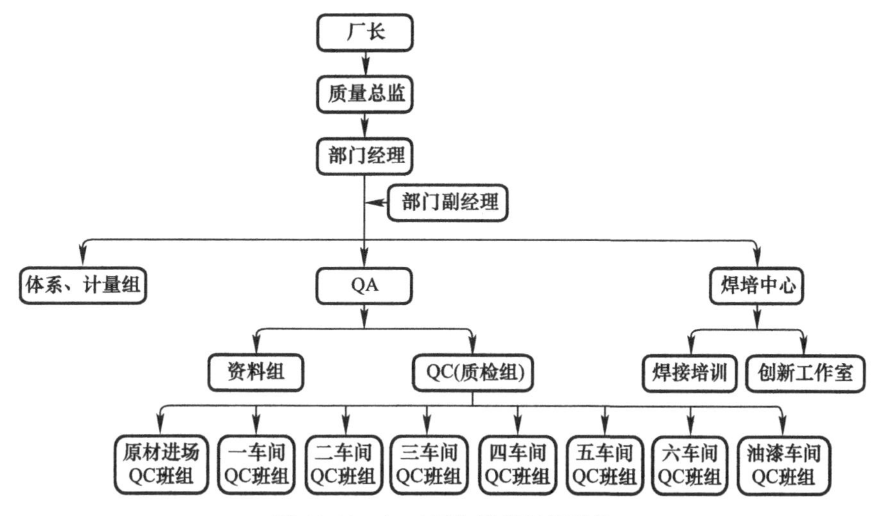

图 11-81　加工制作管理组织机构

2）生产准备

① 生产作业设备和工艺装备方面准备（表 11-21）

生产作业设备和工艺装备方面准备　　表 11-21

序号	控制措施
1	构件开工前，对所用设备、工艺装备进行全面检修
2	在生产过程中，要做好设备、工艺装备的维护保养工作，定期检测，保证设备的正常运转，保持设备的精度，生产合格产品
3	各工序设备和工艺装备的首件产品须经验证合格方可投入批量生产

② 物资方面准备（表 11-22）

物资方面准备　　表 11-22

序号	控制措施
1	按照合同进度要求，编制物资采购计划
2	所需物资按规定实行招标采购
3	按招标文件指定的厂家进行采购
4	所采购物资满足技术规范要求，应与证物（材质证明书或出厂合格证）相符
5	外购物资必须经入厂复验合格、监理工程师同意后方可入库使用
6	外购物资分类存放，专料专用。为避免车间用料混杂，所用钢板在板端进行色带标识。定期填报物资采购、使用、库存情况报表

3）技术准备

① 施工图纸方面准备（表 11-23、图 11-82）

施工图纸方面准备　　表 11-23

序号	控制措施
1	开始制作前应向设计单位、工程总承包单位、监理单位、发包方提供完整的详细制造加工图，并详细标出总体布置图。应对包括柱基的所有连接件的设计负责，柱基须能承受结构图中标明的所有载荷
2	应按照所有现行相关法规和规范规定的要求准备好所有非图纸指定的细部大样
3	图纸必须在制作开始前得到设计单位、工程总承包单位、监理单位、发包方的认可

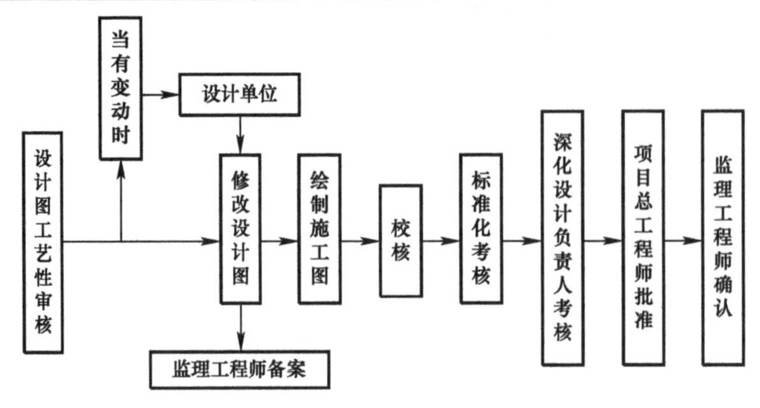

图 11-82　施工图纸绘制程序流程图

② 工艺方案、工艺文件及工序质量标准控制方面准备

工艺方案和工艺文件编制原则是：实现设计者的设计思想，保证制造工艺过程的优化可行，控制产品质量达标（图 11-83）。

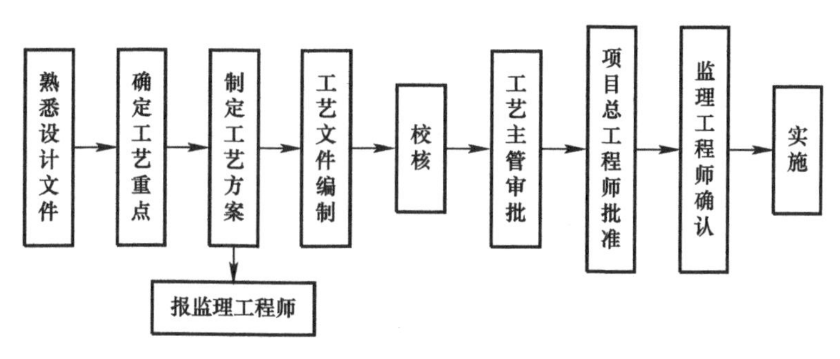

图 11-83　工艺方案制定程序框图

4）焊接 H 型钢加工制作

焊接 H 型构件加工制作工艺流程及要点：

① 焊接 H 型构件截面规格约 10 种，最大规格为主框架梁，截面 H600×250×11×35。

② 工厂加工时，将根据构件截面特征优先采用 H 型钢生产线进行加工，具体加工工艺流程如表 11-24 所示。

焊接 H 型钢加工制作工艺流程　　表 11-24

工序	制造流程工艺	制造流程照片
钢板下料	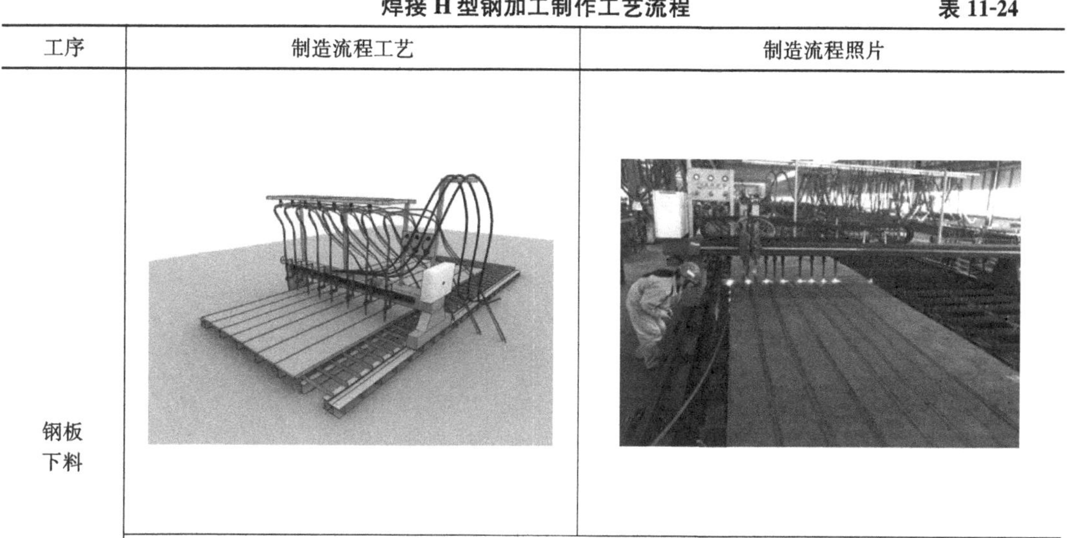	
	制造要点： (1) 焊接 H 型钢腹板、翼缘板切割下料前应用矫平机对钢板进行矫平，切割时进行多块板同时下料，以防止零件切割后产生侧弯。 (2) 下料前应仔细核对钢板的材质、规格、尺寸是否正确，核对无误后方可进行切割，同时应对钢板的不平度进行检查，不平度超过设计规定的应先进行矫平。 (3) 切割前将钢板表面的铁锈、油污等杂物清除干净，以保证切割质量。切割后应将切割面上的氧化皮、流渣清除干净，然后转入下道工序	

续表

工序	制造流程工艺	制造流程照片
H 型钢组立		
	制造要点： (1) 焊接 H 型钢在组立前应标出翼板中心线与腹板定位线，同时检查翼缘板、腹板编号、材质、尺寸、数量的正确性，合格后可进行组立。 (2) 在 H 型钢自动组立机上组立时，先进行翼缘板与腹板的 T 形组立，并进行定位焊接。然后将 T 形钢与翼缘板组立成 H 型钢。组立时翼缘板的拼接缝与腹板拼接缝应错开 200mm 以上。 (3) H 型钢进行胎架组装时，组装用的平台和胎架应符合构件装配的精度要求，并具有足够的强度和刚度，组装前需经专人验收合格后方可使用	
H 型钢焊接		
	制造要点： (1) H 型钢组立合格后吊入龙门式自动埋弧焊接机上进行焊接。 (2) 焊接前应在两端加装与构件材质相同的引弧板和熄弧板，焊缝引出长度不应小于 50mm。 (3) 焊接前用陶瓷电加热器将焊缝两侧 100mm 范围内进行预热，预热温度为 80～110℃。 (4) 焊接方法采用龙门式埋弧焊接机进行自动焊接，焊接时严格按照规定焊接顺序进行	

续表

工序	制造流程工艺	制造流程照片
翼缘矫正	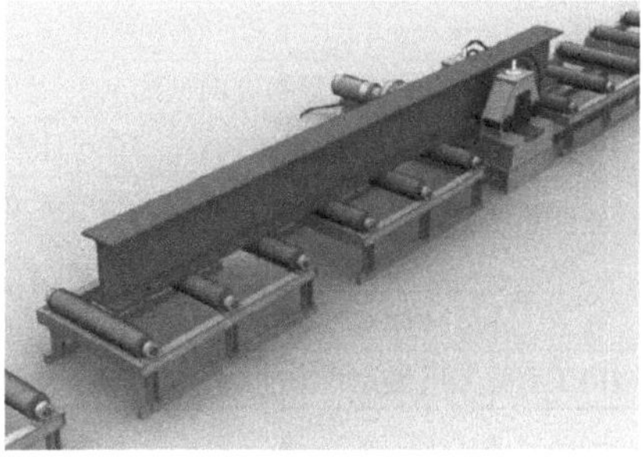	
	制造要点： (1) H 型钢焊接完成后应进行矫正，主要采用火焰烘烤或用 H 型钢翼缘矫正机进行机械矫正。 (2) 矫正后的钢材表面不应有明显的划痕或损伤，划痕深度不得大于 0.5mm。 (3) 弯曲、扭曲变形采用火焰矫正，矫正温度控制在 800～900℃，且不得有过烧现象	
二次加工	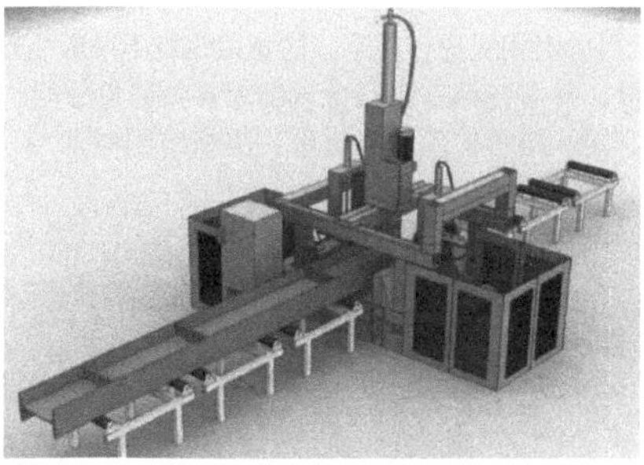	
	制造要点： (1) 制孔前首先在计算机上进行钻孔数控程序编制并交专职检验员检查合格后方可转入使用。 (2) 钻孔时严格控制并保证相邻螺栓孔孔距、外侧螺栓孔至构件端部距离、上下两排螺栓孔至 H 型钢上下翼缘表面距离满足规范及设计要求	

续表

工序	制造流程工艺		制造流程照片
质量检验	项目		允许偏差（mm）
	截面高、宽		连接处：±3.0；其他处：±4.0
	翼缘板对腹板的垂直度	梁	$B/100$ 且不大于 3.0
		柱	连接处：1.5；其他处：$b/100$ 且不大于 5.0
	腹板偏移		1.5
	弯曲矢高	梁	垂直于翼缘板方向：$L/1000$ 且不大于 10.0
			垂直于腹板方向：$L/2000$ 且不大于 10.0
		柱	$L/1500$ 且不大于 5.0
	扭曲		$H/250$ 且不大于 5.0
	腹板局部平面度		$t\leqslant14$ 时 3.0/m；$t>14$ 时 2.0/m
	构件加工制作要求根据现行国家标准《钢结构工程施工质量验收标准》GB 50205 的相关要求实施		

③ 箱形构件加工制作（表 11-25）

箱形构件加工制作工艺流程 **表 11-25**

工序	制作流程工艺	制作流程照片
钢板下料		
	制造要点： (1) 焊接箱形构件的翼缘板、腹板在切割下料前对钢板进行矫平，防止因钢板不平影响零件切割质量。 (2) 焊接箱形构件下料前应预设焊接收缩量，并对各部件进行合理的焊接收缩量分配。 (3) 下料时应注意翼缘板、腹板的配套性，同一箱形构件的翼缘板、腹板应同时切割，有利于控制零件的精度	
隔板组立	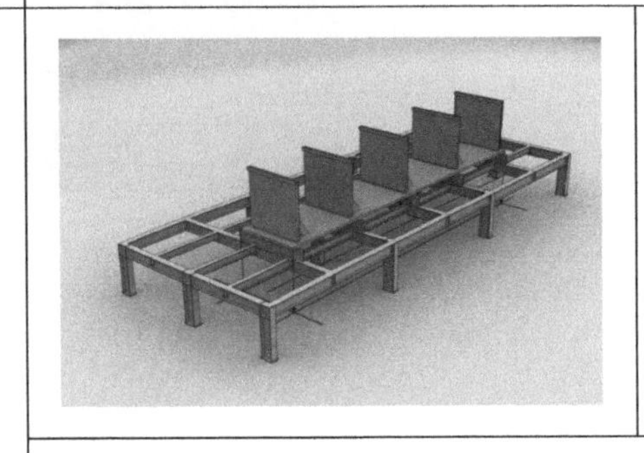	
	制造要点： (1) 以一端为基准在下翼缘板上画出腹板及隔板安装定位线，画线应加放焊接收缩余量。 (2) 内隔板与翼缘板 T 形接头的电渣焊焊接宜采取对称方式进行	

续表

工序	制作流程工艺	制作流程照片
U形组立		
	制造要点： (1) 为了提高箱形构件的刚性及抗扭能力，在部分焊透的区域每 3mm 处、构件两端各设置一块工艺隔板。 (2) 隔板定位合格后，组装箱体腹板，组装时将腹板与翼缘板下端对齐，并用千斤顶和夹具将腹板与下翼缘板和隔板顶紧靠牢	
箱形组立		
	制造要点： 箱体 U 形组焊合格后组装上面板，组装时用外力将上面板与腹板及隔板顶紧靠牢，然后进行点焊固定，面板组装后交专人检测，合格后转入电渣焊工序	
端铣	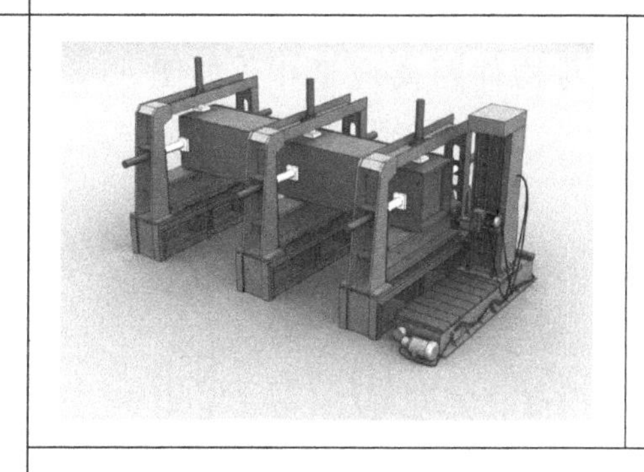	
	制造要点： 箱体验收合格后进行端铣，未经检测、矫正合格的箱体不得进行端铣，端铣时箱体应卡紧、固定，避免加工时发生窜动，并且保证箱体端面与刀盘平行	

5）构件除锈及涂装

① 构件除锈

a. 除锈方法：所有钢构件先做喷砂除锈达到 Sa2.5 级，现场补漆应用风动或电动工具除锈，达到 St3 级；表面粗糙度 R_z 为 40～70μm。

b. 除锈检验：构件除锈完成后采用样卡进行 100%检查，使构件除锈达到技术要求。

② 构件涂装

a. 涂装要求：根据设计说明要求，喷砂除锈 Sa2.5 级，油漆涂装体系如表 11-26 所示。

油漆涂装体系 **表 11-26**

涂层	涂料	干膜厚度（μm）	施工方式
底层	环氧富锌底漆	80(20＋30×2)	无气喷涂
中间层	环氧云铁中间漆	120(4×30)	无气喷涂
面层	丙烯酸聚氨酯面漆	60(2×30)	无气喷涂

考虑到现场钢结构施工工期仅一个月，若面漆在现场涂装，容易导致后续的铺钢筋桁架楼承板及机电装修工作插入滞后，无法保证施工的流水性。因此面漆在加工厂完成涂装后，构件再发运至现场，现场只需进行油漆补涂和防火涂料施工工作。

b. 涂装工艺：表面涂装前，必须清除一切污垢以及搁置期间产生的锈蚀和老化物，运输、装配过程中的部位及损伤部位和缺陷处，均须进行重新除锈。

采用稀释剂或清洗剂除去油脂、润滑油、溶剂。上述作为隐蔽工程，填写隐蔽工程验收单，交监理工程师或业主验收合格后方可施工。

对于大面积的涂层施工，应使用高压无气喷涂。对于小面积的修补，可采用刷涂或辊涂的施工方法。

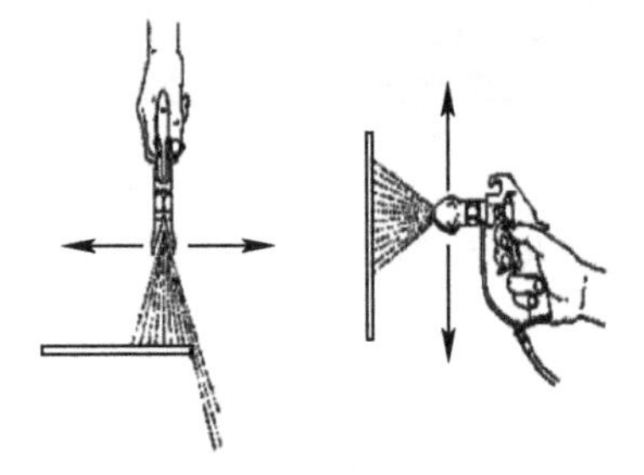

图 11-84 正确示例（垂直）

采用高压无气自动喷涂机喷涂时，施工前按产品要求将涂料加入进料斗，按涂料厚度调整喷涂机参数，开动喷涂机进行自动喷涂。对于构件的边棱等不易喷涂的部位采用刷涂施工。

进行高压无气喷涂时，应注意喷枪应垂直于构件表面，喷枪与构件距离应适中，如图 11-84～图 11-86 所示。

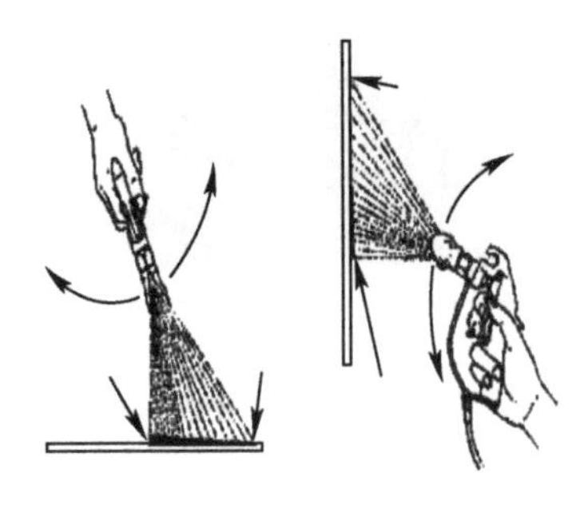

图 11-85 错误示例（不垂直）

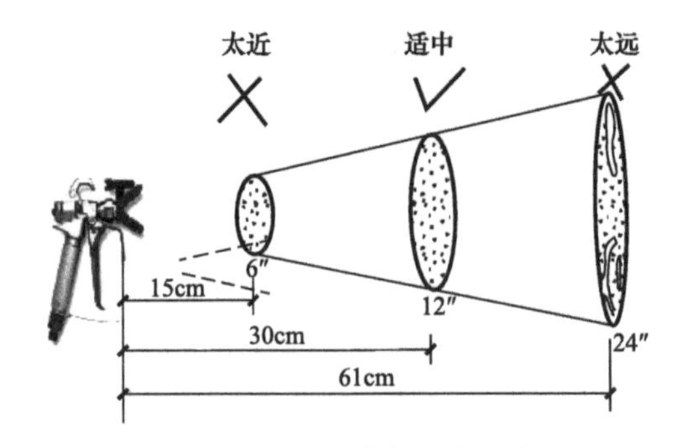

图 11-86 喷枪与构件距离示意图

喷涂防腐材料应按顺序进行，先喷底漆，使底层完全干燥后方可进行中间漆的喷涂施工，做到每道工序严格受控。

施工完的涂层应表面光滑、轮廓清晰、色泽均匀一致、无脱层、不空鼓、无流挂、无针孔，膜层厚度应达到技术指标规定的要求。

施工应备有各种计量器具、配料桶、搅拌器。涂装施工单位应对整个涂装过程做好施工记录，油漆供应商应派遣有资质的技术服务工程师做好施工检查，并提交检查报告和完工报告。

c. 涂装质量控制

边、角预涂：在大面积涂装之前，必须进行预涂。但对于预涂装部位的重涂性及间隔时间应严格按产品说明书进行。预涂部位包括但不限于以下部分：

(a) 钢板边缘；(b) 焊缝；(c) 角落；(d) 螺栓孔；(e) 其他喷涂难以进入的部位(图 11-87)。

涂装时间控制：不同类型的材料其涂装间隔各有不同，在施工时应按每种涂料的产品说明书进行施工，其涂装间隔时间不能超过说明书中最长间隔时间，否则将会影响漆膜层间的附着力，造成漆膜剥落。

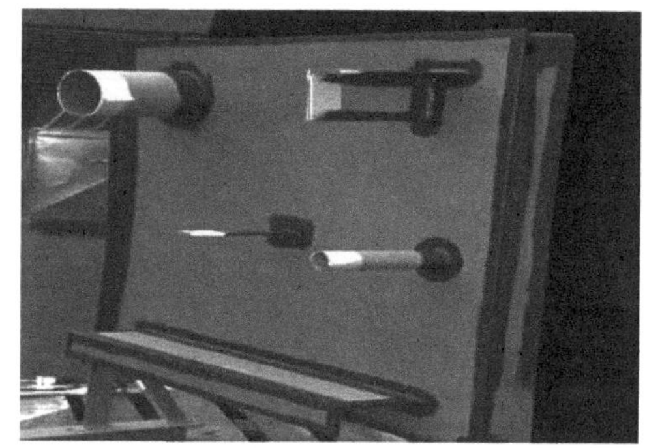

图 11-87　预涂示意图

(a) 喷涂底漆：除锈合格后应及时涂刷防锈底漆，间隔时间不宜过长，相对湿度不大于 65%时，除锈后应在 8h 内涂装完底漆，相对湿度为 65%～80%，应在除锈后 4h 内完成底漆涂装。

(b) 在底漆喷涂前质检超过规定时间，则必须重新对工件进行扫砂处理并再次由工程师认可。喷涂时施工人员应随时用湿膜卡检测涂层厚度。

(c) 喷涂中间漆：经验收合格的外表面可进行中间漆的预涂。预涂后即可进行中间漆的喷涂。涂层实干后，即可进行自检，自检合格后，可报请验收。验收合格方可喷涂第二道中间漆。

6) 构件运输

① 运输总体思路

根据钢构件特征和以往类似构件运输经验，从安全、快捷角度考虑，对所有钢构件采用全程公路运输。

为了保证运输安全及钢构件不受损坏，所有运输车辆除严格执行装载、加固、捆绑方案外，并派专人随车押运，以保证运输途中构件不丢失，并且严格按业主提供的供料计划及时发运，按时送达指定地点，保证工地拼装需要。

② 包装方式

构件单根重量≥2t 时，采用单件裸装方式运输；

构件单根重量<2t 且为不规则构件时，采用单件裸装方式运输；

构件较小但数量较多时，用装箱包装，如连接板、螺杆、螺栓等（表 11-27）。

③ 装载要求及方法（表 11-28）

货物加固材料：木块若干、木楔若干、钢丝绳若干、螺旋紧固器若干（表 11-29）。

构件运输包装方式　表 11-27

构件名称	构件包装形式
H 型构件	
小型构件  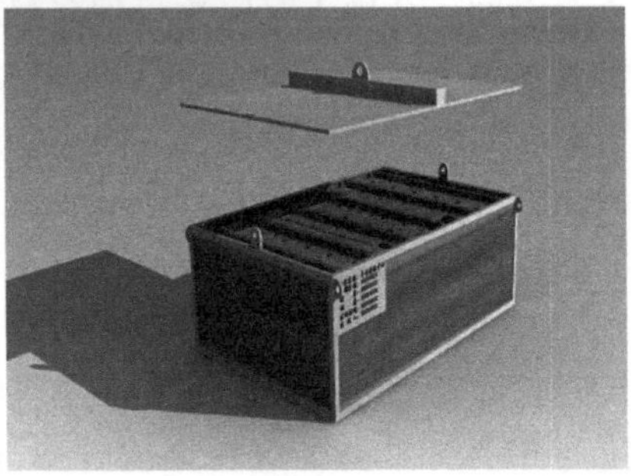	

装载要求及方法　表 11-28

序号	项目内容
1	钢结构运输时，按安装顺序进行配套发运
2	根据构件包装方法的不同，装车时也有所不同
3	汽车装载不允许超过行驶证中核定的载重量
4	装载时保证均衡平稳，捆扎牢固
5	运输构件时，根据构件规格、重量选用汽车，大型货运汽车载物高度从地面起控制在 4m 以内，宽度不超出箱，长度前端不超出车身，后端不超出车身 2m
6	钢结构构件的体积超过规定时，须经有关部门批准后才能装车

加固方法　表 11-29

序号	加固办法
1	针对单件 10t 以上的货物进行垫底、加固处理，防止在运输过程中货物发生位移以及对运输车结构的破坏，确保运输安全
2	垫木块：在货物与运输车的接触面上垫方形木块，对集重货物进行分力
3	加木楔：在每件货物与运输车接触面的四角用木楔夹紧，防止在运输过程中发生位移
4	拴钢丝绳：在运输车挂车上焊接铁环若干，用钢丝绳将货物拴套在铁环上，采用螺旋紧固器进行紧固，防止在运输过程中由于风大、颠簸而导致货物倾漏

11.3.4　构件进场验收

1. 进场管理（表 11-30）

进场管理　　表 11-30

序号	构件进场管理
1	构件生产后，用平板车或挂车运至场外临时堆场，进行进场验收，构件到场后，按随车货运清单核对构件数量及编号是否相符，构件是否配套。如发现问题，制作厂应迅速采取措施，更换或补充构件，再根据安装进度将钢构件从场外堆场转运至现场
2	钢构件及材料进场按计划精确到每件的编号，构件最晚在吊装前两天进场，并充分考虑安装现场无堆放场地，尽量协调好安装现场与制作加工的关系，保证安装工作按计划进行
3	构件的标记应外露，以便于识别和检验，注意构件装卸的吊装、堆放安全，防止事故发生
4	构件进场前与现场联系，及时协调安排好临时堆场、卸车人员、机具。构件运输进场后，按规定程序办理交接、验收手续

2. 模块化箱体验收

根据《轻型模块化钢结构组合房屋技术标准》JGJ/T 466—2019，模块箱体尺寸偏差允许标准如表 11-31 所示。进场后对箱体的外观质量和尺寸进行验收，形成验收记录，并检查、收取制作厂提供的箱体出厂合格证、质量保证书和检验报告。

模块单元尺寸允许偏差　　表 11-31

项目		允许偏差（mm）
模块单元（箱体）外形尺寸	≥3600mm	0，−5
	<3600mm	0，−4
	端面对角线	≤4
	侧面对角线	≤5
模块单元（箱体）垂直度		≤3，且≤H/1000
模块单元（箱体）墙体平面度	表面平整度	≤2
	与楼面垂直度	≤3
	接缝间隙	≤1.5
	接缝直线度	≤2
模块单元顶板（顶棚）挠度		≤10. 且≤L/1500
模块单元地板（楼板）挠度		≤10，且≤L/1500
梁、柱截面扭曲		±2
门窗	长度	≤1.5
	宽度	<1.5
	对角线	≤3
踢脚线、阴角线、顶角线	拼缝间隙	≤1
	与墙板和顶棚的贴合度	良好

注：L 为模块单元水平方向尺寸，H 为模块化组合房屋竖直方向尺寸。

3. 钢构件验收

构件进场验收严格按照《钢结构工程施工质量验收标准》GB 50205—2020 附录 D 构件进场验收要求，对不符合验收要求的构件要求返厂或提前返修合格。

现场构件验收主要是焊缝质量、构件外观和外形尺寸检查以及制作资料的验收和交接。构件到场后，按随车货运清单核对所到构件的数量及编号是否相符，针对钢柱、钢梁等主要构件，应在卸车前检查构件尺寸、板厚、外观等。按设计图纸、规范及制作厂质检报告单，对构件的质量进行验收检查，做好检查记录（表 11-32）。

进场构件验收方法　　表 11-32

<table>
<tr><td></td><td></td><td></td></tr>
<tr><td>1. 用直尺、卷尺测量构件</td><td>2. 直接用肉眼观察构件外观</td><td>3. 根据清单对照实物清点构件</td></tr>
</table>

<table>
<tr><td></td><td></td></tr>
<tr><td>4. 使用测厚仪测量厚度</td><td>5. 核对构件进场资料</td></tr>
</table>

进场构件验收类别

验收类别	验收项目	验收方法	验收实物照片
焊缝	焊角高度尺寸	量测	
	交叉节点夹角		
	现场焊接剖口方向角度		
	焊缝错边、气孔、夹渣	量测	
	构件表面外观		
	多余外露的焊接衬垫板	目测	
	节点焊缝封闭		

续表

构件外观及外形尺寸	构件截面尺寸、构件长度	 量测	
	构件表面平直度		
	加工面垂直度		
	构件运输过程变形		
	预留孔大小、数量	 量测	
	螺栓孔数量、间距	 目测	
	连接摩擦面	 目测	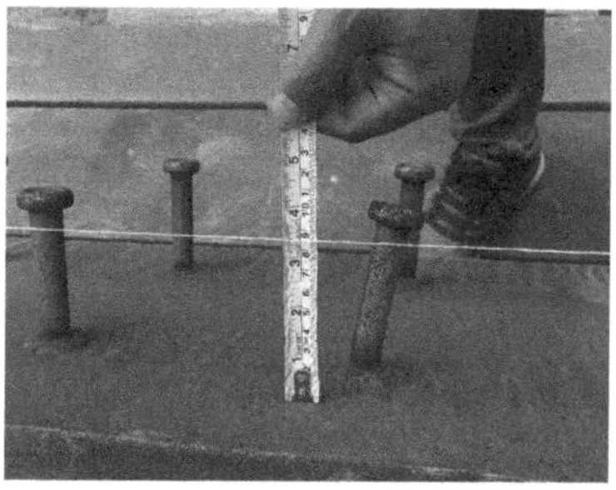
	表面防腐油漆	  目测 测厚	

续表

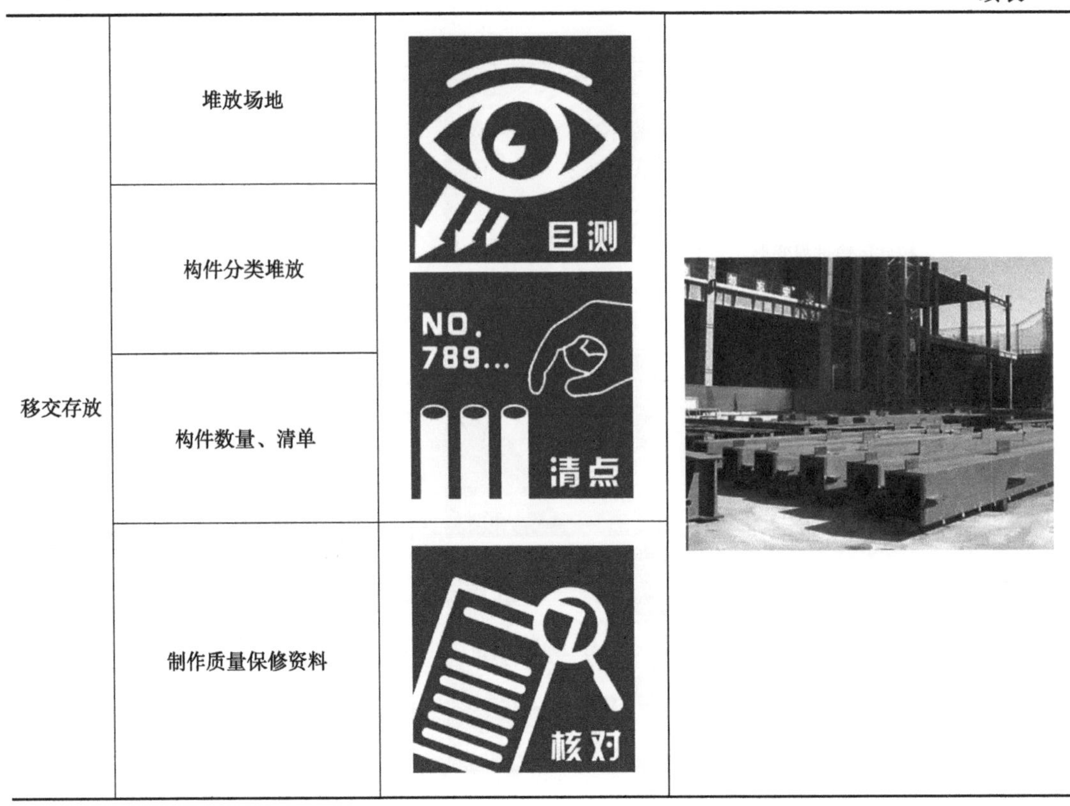

移交存放	堆放场地	目测	
	构件分类堆放		
	构件数量、清单	NO. 789... 清点	
	制作质量保修资料	核对	

11.3.5 构件标识及成品保护

构件生产前应建立系统的构件编码方案，编码方案的构成一般为：工程名称、构件编号、生产日期、重量、生产厂家，并指定专人进行构件标识工作；质检员应及时对构件标识进行核对。

1. 箱体编号原则

为确保现场吊装作业平稳快速进行，需提前在箱体深化阶段对箱体进行整体编号，具体编号原则如下：按照箱体所属楼栋、楼层进行编号，每个箱体拥有唯一的编号，以便现场安装精确无误。具体编号原则如图 11-88 所示。

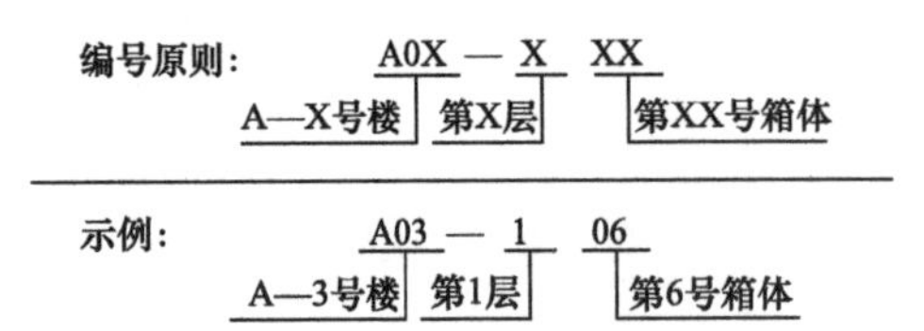

图 11-88 A03 号楼第 1 层第 6 号箱体

2. 箱体成品保护

为确保箱体运输过程中的防水保护，避免对箱体外侧防腐油漆和防火涂料造成破坏，在模块化箱体运输过程中需采用专用的 PE 防雨罩保护，并设置捯链将箱体角部与平板车进行固定，避免运输过程中造成箱体倾覆。

此外，针对本工程外侧玻璃幕墙设置软质海绵防护；对于箱顶竖向管井区域需设置角钢和定型防护板，避免现场 PE 防雨罩摘除及后续现场安装过程中出现洞口坠落风险；走道区域两侧采用胶合板和铝方通进行临时固定（图 11-89～图 11-91）。

图 11-89　运输成品保护示意图

图 11-90　竖向管井区域封堵

11.3.6　模块化箱体安装

图 11-91　走廊侧面封堵

1. 模块化箱体吊装设备配置

多层酒店的模块化箱体吊装施工一般采用履带式起重机和汽车式起重机进行吊装，应根据箱体重量、起吊距离、吊装效率等选用合适的设备型号。

2. 模块化箱体吊装工况分析

通过平面、立面图分析在吊装箱体最不利工况时履带式起重机主臂长度，最高点为高度，据此高度对履带式起重机主臂与建筑物之间碰撞可能性进行分析，复核起重机主臂断面尺寸与实际履带式起重机起重臂距离建筑物的安全距离，以满足吊装安全需求。

3. 模块化箱体安装

（1）模块化箱体安装方法及措施

1）箱体埋件安装

基础及短柱钢筋绑扎完成后立即插入埋件定位安装，埋件安装采用全站仪测量定位，定位时采用全站仪定位平面坐标及高程，为提高埋件施工的精度，安装时采用埋件板对角定位后点焊，复核另外两个对角坐标，确认无误后再次焊接加固。

2）定位锥安装

① 测量放线

上一层箱体吊装就位后，首先进行下一层箱体测量放线，并定位出每一个箱体的 6 个定位锥坐标。

每个箱体都需严格按照定位坐标进行安装。不可采用相邻箱体作为定位基准，避免累积误差过大。

② 定位锥安装

在定位锥板（MM 板）焊接前，需提前完成箱体间水平横缝的防水处理，验收合格后方可进行定位锥板的焊接固定。定位锥板焊接完成后，需在定位锥板四周进行打胶防水处理。此外，考虑到箱体制作过程中的误差以及箱体吊装过程中箱体的轻微变形，现场定位锥与箱体角件制作过程预留一定的公差用于箱体定位，具体定位方式如下：

箱体的 4 个角件定位过程中以其中 1 个角件作为精确主动定位，其余 3 个角件作为被动定位，即将 4 个定位锥分为 1 个精锥和 3 个松锥（图 11-92～图 11-94）。

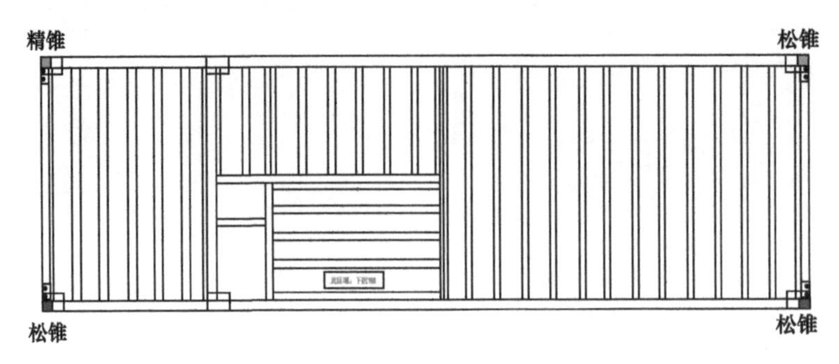

图 11-92　定位锥分类示意图

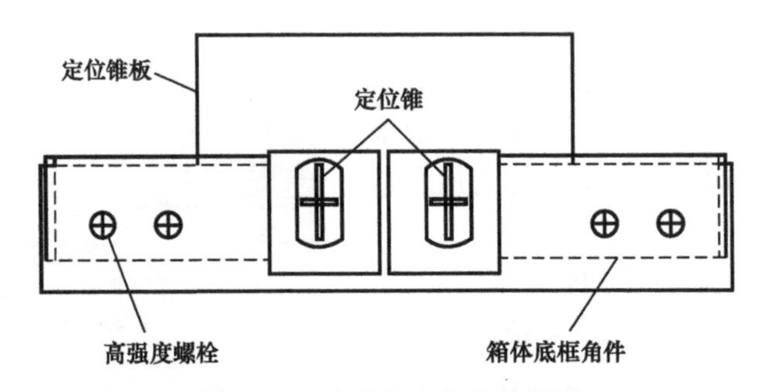

图 11-93　角件与定位锥关系图

图 11-94　现场照片示意图

3）模块化箱体吊装

① 箱体就位

箱体安装前测量人员需要对下一层箱体定位锥进行复测，偏差较大时要及时进行校正。吊装前需在角部设置溜绳，吊装时 4 人通过溜绳来调整箱体方向，到达安装位置附近时，作业人员需要手扶箱体缓慢就位。

作业人员站位于安装箱体同层的相邻未安装箱体位置。箱体降落至安装标高以上 20cm 左右时，司索工指挥设备每次下降 4～5cm，即将到达安装位置时，再次放缓降落速度，同时作业人员手扶箱体，使其角件盒定位孔放入下一层箱体定位锥。箱体的水平度通过绿光扫描仪测定箱体顶部 4 个角部标高差值，箱体垂直度先通过螺栓孔粗调，通过使用激光扫描仪测定箱体幕墙玻璃边线误差或箱体垂直边线偏差，或架设全站仪，通过水平制动手轮及垂直制动手轮来观测十字丝与箱体的偏移情况，偏差较大时可在箱体垂边方向水平贴靠钢尺，从而判断箱体垂直度偏差。控制垂直度偏差在 3mm 以内，水平度角点高差最大 3mm。

② 螺栓连接

箱体吊装就位后，需确保每个角件嵌入定位锥。待箱体安装就位后，需进行角件盒部位的螺栓施工。待履带式起重机、汽车式起重机进行下一区域安装时，采用曲臂车完成该区域的箱体螺栓紧固，作业时与吊装设备作业范围错开施工（图 11-95、图 11-96）。

图 11-95　箱体螺栓连接节点示意图

由于箱体为六柱箱体，将走廊与房间放在同一模块中，层间螺栓施工手孔开设方向如图 11-97 所示。

对于局部 3 个箱体或走道区域（中柱）的螺栓节点，为确保角部连接盒螺栓的连接，需在箱体底板开设安装孔进行螺栓施工，安装孔长度方向为 500mm，宽度方向与次梁尺寸一致。完成高强度螺栓施工后，需按照地面铺装流程逐层进行施工，尤其是安装孔内部的岩棉需确保填充密实（图 11-98）。

图 11-96　现场照片示意图

4）模块化箱体防水施工

① 水平横缝做法

施工过程中，做好箱体间的防水尤为重要。建筑层内的箱体间拼缝采用多层防水做法，施工过程中需严格按照施工工艺流程逐层进行施工，具体如图 11-99 所示。

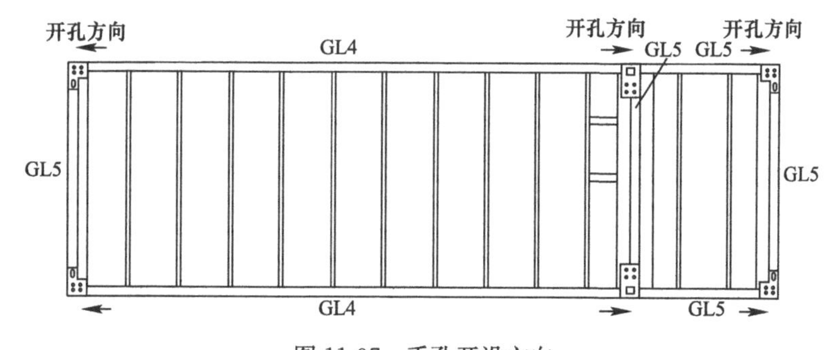

图 11-97　手孔开设方向

图 11-98　安装孔示意图

箱体顶部水平封装防水施工完成后进行 MM 板焊接固定。

② 立面缝做法

箱体外侧采用全幕墙包封，箱体间立面竖向拼缝（横缝、竖缝）采用内填 PE 棒（防火岩棉）+丁基胶带处理的方式进行防水处理，具体如图 11-100、图 11-101 所示。

施工过程中应注意箱体间缝隙大小，若箱体间隙过大，需要先填充 PE 棒和岩棉并打发泡胶填充，然后再进行表面打胶处理。在打胶过程中需确保缝隙填充密实。

5）模块化箱体安装措施

① 箱体吊架设计

由于箱体吊装初步拟定采用钢吊架+钢丝绳的方式与箱体角部角件连接进行四点吊装，严禁采用两点、三点吊装。型钢对接焊缝、吊耳焊缝均为全熔透焊缝。考虑雨天对构件的腐蚀，避免锈蚀污染箱体表面，吊架需要进行打磨后喷涂防腐油漆。吊装示意图如图 11-102 所示。

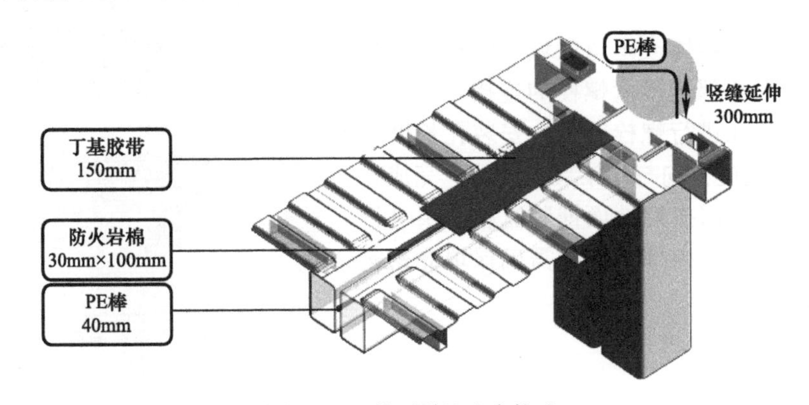

图 11-99　箱顶拼缝防水构造

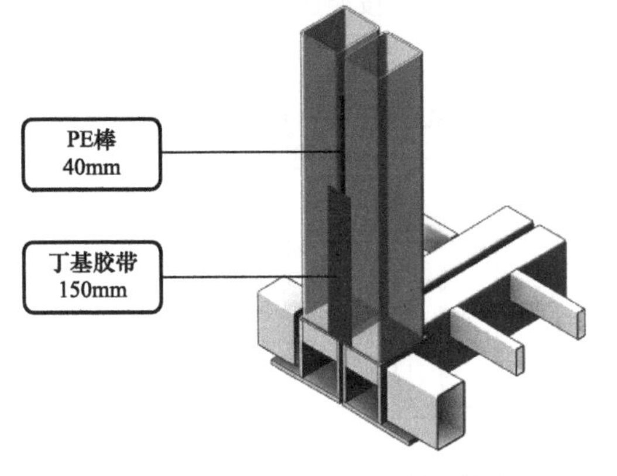

图 11-100　箱间立面竖向拼缝构造

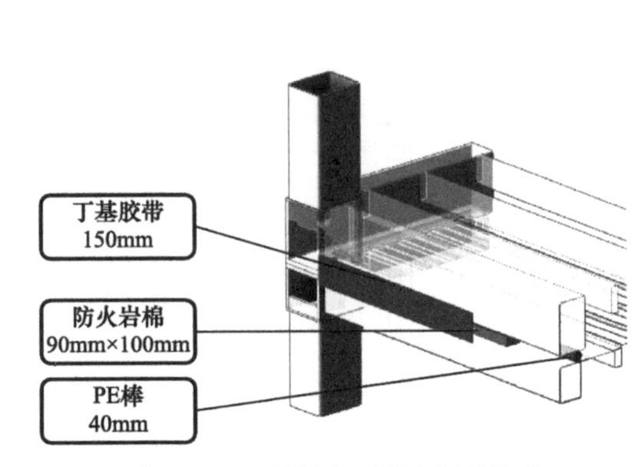

图 11-101　箱间立面横向拼缝构造

② 钢丝绳及卸扣

为便于箱体吊装，在角件部分设置扭锁与卸扣连接，所选扭锁额定起重吨位不小于15t（图 11-103）。

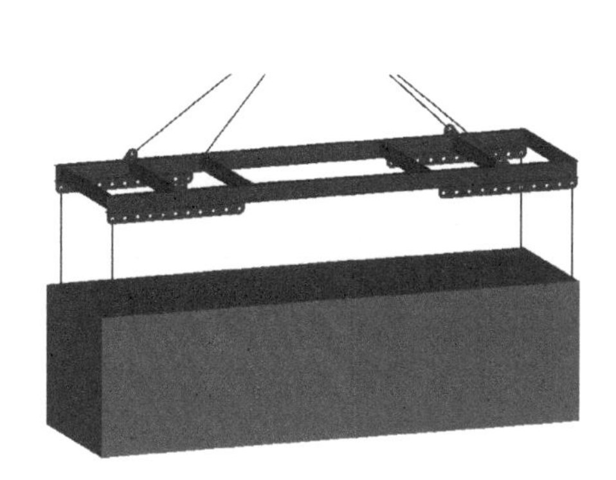

图 11-102 吊装示意图

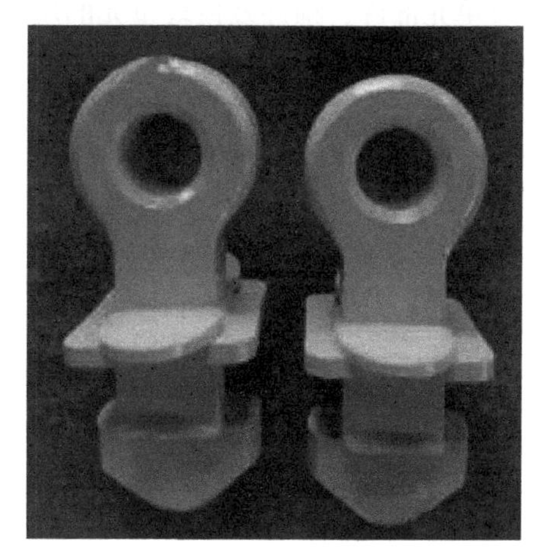

图 11-103 集装箱吊钩

（2）模块化箱体安装验收与质量控制

1）检验批划分

模块化组合房屋质量验收应符合现行国家标准《钢结构工程施工质量验收标准》GB 50205 的规定，其检验批划分根据现行国家标准《建筑工程施工质量验收统一标准》GB 50300 的规定，分项工程的划分按照工厂和现场两部分进行，分别为：模块单元部件、构件加工，模块单元组建，模块化组合房屋叠箱结构安装。

2）原材料进场验收

原材料可按照常规建筑结构进行原材料进场验收，包括钢材、木材、高强度螺栓、焊材等，并应核对材料的品牌号、规格、批号、质量证明文件、中文标识和型式检验报告，检查外观质量、包装等。对设计安全与功能的原材料或半成品，需进行复验，并经监理工程师或建设单位技术负责人见证取样、送检。

对于超出合同或建设单位规定范围的原材料品牌，需先书面报请建设单位同意后方可进行采买施工。

3）隐蔽工程验收

针对项目模块化箱体的钢结构、机电、给水排水等涉及隐蔽验收部位，在进行下一道工序前需进行隐蔽工程验收。顶棚、地面、墙面安装过程中，各道工序的衔接应做到各隐蔽工程均已验收。

现场箱体吊装施工过程中，每层箱体安装完成后，需进行箱间间隙及防水的检查复验，合格后方可进行下一层箱体的吊装。

4）出厂验收

模块化箱体出厂时，制作厂应提交质量证明（包括原材料检测报告、出厂合格证、质量保证书和检验报告）文件外，还应提交全套的模块化箱体制作技术交底，包括：

① 模块单元施工详图；

② 制作中对问题处理的协议文件，如图纸变更、工艺变更文件等；

③ 模块单元发运清单；

④ 各工序交接单。

模块单元部件、构件及模块单元的质量验收记录表如表 11-33 所示。

验收记录（单位：mm） **表 11-33**

工程名称	国际酒店项目 EPC 工程总承包Ⅰ标段				
安装地点			层数面积		
施工单位			模块位置及编号		
验收项目			允许偏差	检查记录	检查结果
模块地板（楼板）	外形尺寸偏差	≥3600	0，－5		
		<3600	0，－4		
	对角线		≤4		
	边框梁外腹面平面度		≤4，且≤L/1000		
	相邻楼板高低差		2.0±1		
	底部六点支撑状态下，楼板平面度		≤3，且≤L/1000		
模块顶板（顶棚）	外形尺寸偏差	≥3600	0，－5		
		<3600	0，－4		
	对角线		≤4		
	边框梁外腹面平面度		≤4，且≤L/1000		
	自由状态下，吊顶板平面度		≤3，且≤L/1000		
	吊顶板差接缝间隙		≤1.5		
	装配式吊顶板接缝直线度		≤2		
模块墙板	长度		0，－2		
	宽度		0，－2		
	厚度		±1		
	对角线		≤3		
	表面平整度		≤1		
门窗	门窗框对角线		≤3		
	门窗框正、侧面垂直度		≤2		
	门窗框水平度		≤3		
柱承重单元角柱	长度		0，－2		
	截面尺寸		±1		
	两端板与角柱侧面的垂直度		≤1.5		
	两端连接板平行度（°）		≤1.5		
	立柱连接孔间距		±1		
综合验收结果：					

注：L 为长度（mm）。

5）基础验收

箱体安装前需进行基础验收，确保基础表面平整度、标高、地脚锚栓位置等满足要

扫码关注
兑换增值服务

查标准
用标准
就上
建标知网

标准规范
电子版
免费阅读

[标准条文，无限复制]
[版本对比，一目了然]
[附件表格，便捷下载]
[常见问题，专家解答]
[历年真题，专业解析]

建标知网
www.kscecs.com

注：会员服务自激活之日起生效
客服电话：4008-18

建 工 社
重磅福利

购买我社
正版图书
扫码关注
一键兑换
标准会员服务

－兑换方式－
刮开纸质图书
所贴增值贴涂层
（增值贴示意图见下）
扫码关注

点击
［会员服务］
选择
［兑换增值服务］
进行兑换

新人礼包
免 费 领

75元优惠券礼包
全场通用半年有效

中国建筑出版传媒有限公司
China Architecture Publishing & Media Co.,Ltd.
中国建筑工业出版社

求，根据《施工现场模块化设施技术标准》JGJ/T 435—2018，具体验收标准如表 11-34 所示。

基础顶面与地脚螺栓（锚栓）安装允许偏差　　表 11-34

项目		允许偏差（mm）
基础顶面	标高	±3.0
	水平度	L/1000
地脚螺栓	螺栓中心偏移	±5.0
	螺栓露出长度	30.0
	螺纹长度	30.0

注：L 为基础长度。

11.3.7　钢结构安装

1. 钢结构吊装设备配置

根据项目特点，综合考虑现场总体施工平面布置，钢构件分布位置、钢柱重量、构件卸车、构件起吊、堆放数量等情况，同时兼顾土建、幕墙、装修、机电等其他专业需求，确定现场各栋单体建筑共配备的塔式起重机，考虑钢结构的吊装工期及效率，可额外增加汽车式起重机、履带式起重机配合钢构件的安装、卸货，最大限度地发挥设备的使用能力。

由于多台塔式起重机在水平作业范围内存在交叉重叠，确保塔式起重机群塔作业安全是施工组织的重点，为此项目制订了如下措施：

（1）建立统一协调机制。建立群塔作业统一管理组织和管理网络，并完善群塔作业操作规程，对相关人员进行培训，做到持证上岗，所有人员按程序进行操作指挥。

（2）制订作业预案措施。塔机安装前应编制《群塔作业防碰撞专项方案》，对塔式起重机的安装、使用和管理进行统一策划，对群塔作业可能出现的各种危险因素进行分析，并制订应急预案措施。

（3）健全报告检查制度。对施工中存在的各类问题和隐患及时报告，及时检查通报，并合理安排维修保养，确保所有塔式起重机一直处于完好状态。

（4）制订塔式起重机现场管理原则。

1）低塔让高塔：低塔在转臂之前先观察高塔的运行情况，再运行作业。

2）动塔让静塔：在塔臂交叉区域内作业时，在一塔臂无回转、小车无行走、吊钩无运动，另一塔臂有回转或小车行走时，动塔避让静塔。

3）轻车让重车：在两塔同时运行时，无荷载塔机应避让有荷载塔机。塔机长时间暂停工作时，吊钩应起到最高处，小车拉到最近点，大臂按顺风向停置。

4）六级风以上及雷雨天时禁止作业。

5）多塔作业时应保证安全作业距离。

2. 钢结构吊装工况分析

（1）钢梁、钢柱分段

钢梁按照结构设计进行分段，钢柱分段原则如表 11-35 所示。

钢柱分段原则 表 11-35

序号	分段原则
1	首节柱分段从地下室底板到首层楼面向上 1.2m，首节柱长度约 3.4m
2	二节柱分段从首层楼面向上 1.2m 开始，到四层楼面向上 1.2m，长度约 9.9m
3	三至七节柱每 3 层一段，长度约 9.9m，最重 8.4t。八节柱为 19 层屋面向上 1.2m 开始，直至屋架层

（2）钢构件吊装工况分析（以某项目为例）

流程一（地下室施工阶段）：采用 2 台塔式起重机、2 台 50t 或 100t 汽车式起重机进行柱脚埋件及首节柱的安装（最重构件重 7.2t 吊装半径 35m，塔式起重机 35m 吊装半径额定起重量 7.6t，满足所有工况要求，见图 11-104）。50t 汽车式起重机吊装 7.2t 钢柱需在 16m 半径范围内，100t 汽车式起重机吊装 7.2t 钢柱需在 30m 半径范围内。

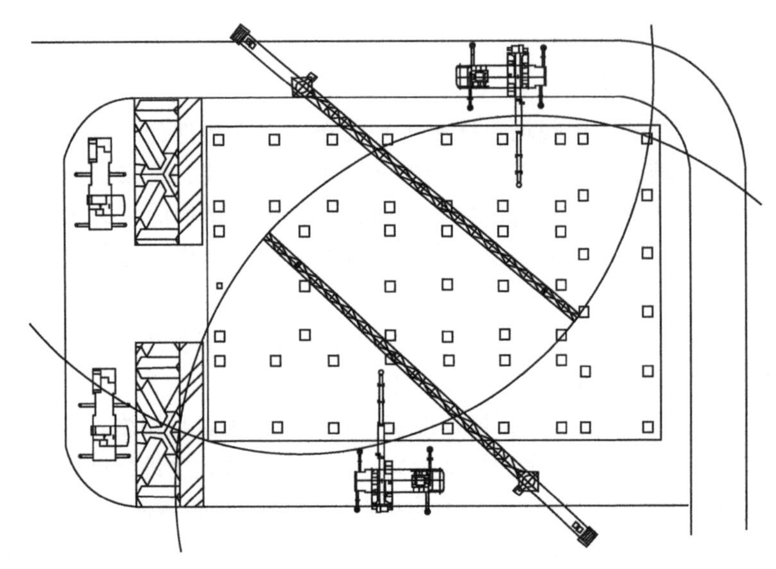

图 11-104 流程一

流程二（一至九层）：外框采用 4 台 100t 汽车式起重机安装，内部采用 2 台塔式起重机进行安装，各区域同步施工（最重构件重 7.2t 吊装半径 35m，塔式起重机 35m 吊装半径起重量 7.6t，满足所有工况要求，见图 11-105）。100t 汽车式起重机吊装 7.2t 钢柱需在 30m 半径范围内。

流程三（十至十九层）：外框采用 4 台 100t 汽车式起重机安装，内部采用 2 台塔式起重机进行安装，各区域同步施工（最重构件重 7.2t 吊装半径 35m，塔式起重机 35m 吊装半径起重量 7.6t，满足所有工况要求；汽车式起重机最不利工况见图 11-106）。100t 汽车式起重机吊装 7.6t 钢柱需在 30m 半径范围内。

3. 钢结构安装

（1）钢结构测量与校正

1）钢结构安装允许偏差（表 11-36）

2）钢柱安装测量校正

钢柱从吊装就位开始测控，从移交焊接施工到焊后柱顶标高整体复核，安装过程主控钢柱垂直度、扭转度、柱顶平面坐标观测及累积误差消除、柱顶标高累积误差消除。

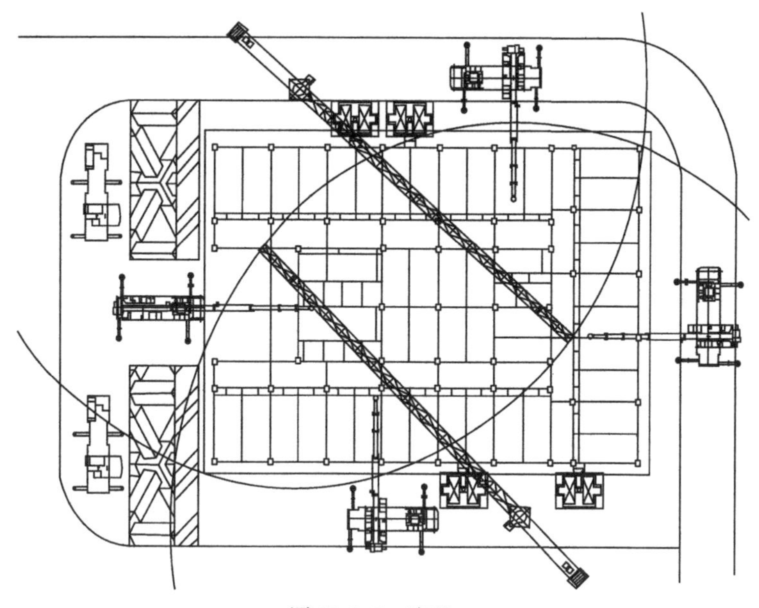

图 11-105　流程二

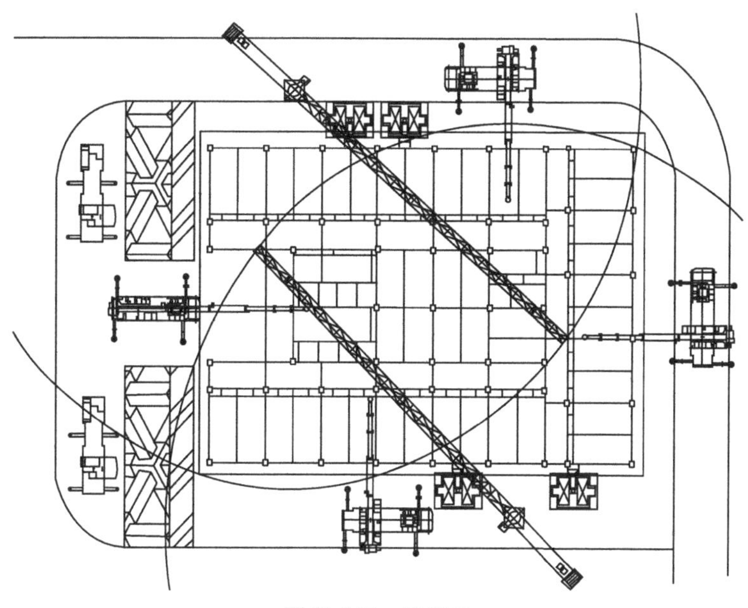

图 11-106　流程三

钢结构安装允许偏差　　**表 11-36**

名称	允许偏差（mm）
建筑总高度偏差 e_1	$\leqslant H/1000$ 且 $-30\leqslant e_1\leqslant 30$
单节柱倾斜	$H/1000$ 且 $\leqslant 10$
层高偏差	$\leqslant\pm 5$
建筑物矢量弯曲	$\leqslant L/2500$ 且 $\leqslant 25$
上柱和下柱的扭转	$\leqslant 3$
同层柱顶标高差 e_2	$-5\leqslant e_2\leqslant 5$

续表

名称	允许偏差（mm）
梁水平度	≤L/1000 且≤10
建筑物定位轴线	L/20000，且不应大于 3.0
柱底轴线对定位轴线偏移	3.0
柱子定位轴线	1.0

注：H 为建筑总高度，L 为轴线距离。

3）钢梁安装测量校正

钢梁的测量校正主要为标高和轴线控制，标高主要通过钢柱、钢梁上定位连接板的定位。在钢梁安装时，将连接板通过螺栓固定在钢梁上，钢梁吊至预定位置后，通过全站仪校正钢梁标高。

（2）吊装前的工序检查（表 11-37）

吊装前的工序检查 **表 11-37**

序号	内容
1	作业前，需对作业人员进行安全交底和施工方案交底，使其熟悉施工方案、图纸和作业环境
2	每班作业前应对机械设备、吊索具进行检查，在起吊时要观察卡环的方位，发现异常情况立即停止作业或采取有效纠正措施，保证吊装安全
3	构件起吊前必须确定重心部位，钢丝绳长度、夹角及钢丝绳直径要满足安全使用要求。正确选择吊点，构件吊点的焊接应牢固可靠
4	吊钩要求具有防跳绳锁定装置，无排绳缠绕现象。构件起吊时应保证水平，均匀离开平板车或地面，起吊后构件不得前后、左右摆动，钢丝绳应受力均匀。施工人员不得站在起吊构件上

（3）钢柱安装

1）承台施工，插入埋件预埋，浇筑承台混凝土（防止混凝土污染螺母，应用塑料薄膜保护螺母，浇筑过程中由专人旁站并及时复测，防止跑位）（图 11-107）。

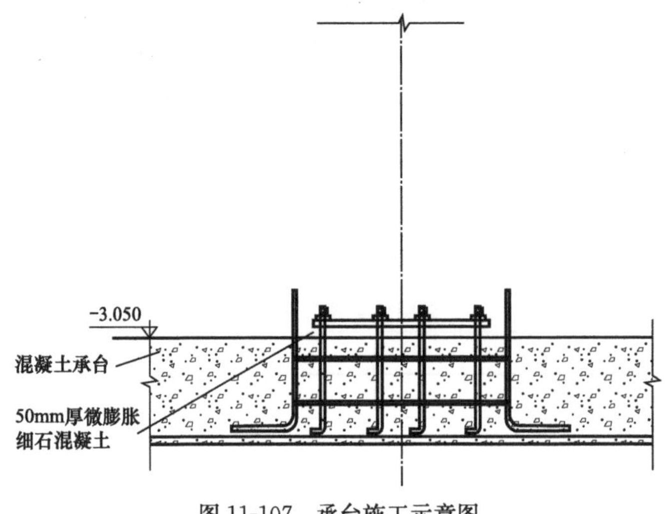

图 11-107　承台施工示意图

2）钢柱安装并调平，灌注柱底微膨胀混凝土（浇筑微膨胀混凝土前应将接触面凿毛、湿润，钢柱定位无误后，浇筑微膨胀混凝土并及时养护）（图 11-108）。

3）外包钢筋、混凝土施工以及保护层混凝土浇筑（注意混凝土养护）（图 11-109）。

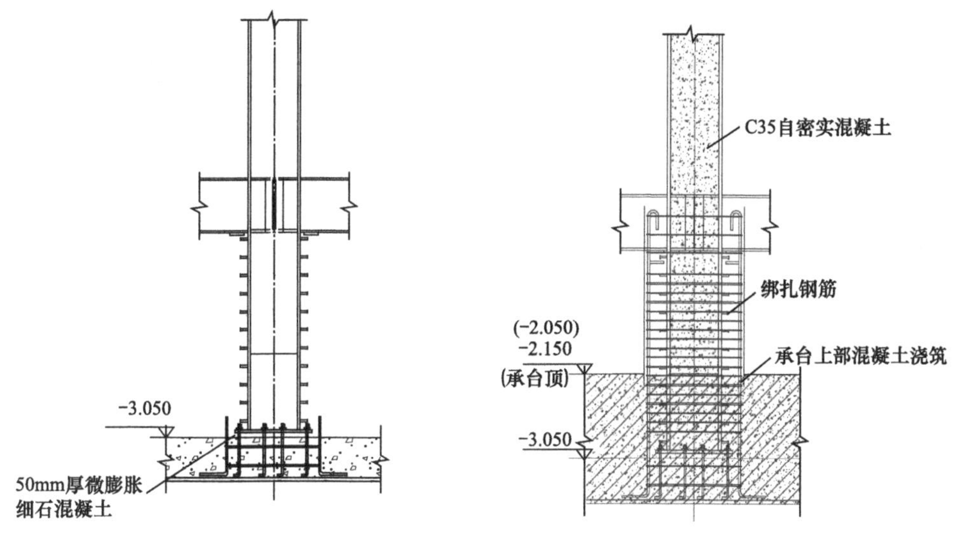

图 11-108　钢柱安装示意图

图 11-109　外包钢筋、混凝土施工以及保护层混凝土浇筑示意图

4）首节钢柱安装后，以上钢柱采用汽车式起重机及塔式起重机作为主要吊装设备，通过连接板、螺栓连接，在固定、微调后进行钢柱焊接，再安装上一节钢柱。

钢柱吊点的设置需考虑吊装简便，稳定可靠，故对称设置 4 个吊点。吊装时，挂设 4 根足够强度的单绳进行吊运，使钢丝绳受力平衡；为防止钢柱起吊时在地面拖拉造成地面和钢柱损伤，钢柱下方应垫好枕木（图 11-110、图 11-111）。

图 11-110　钢柱吊点示意图 1

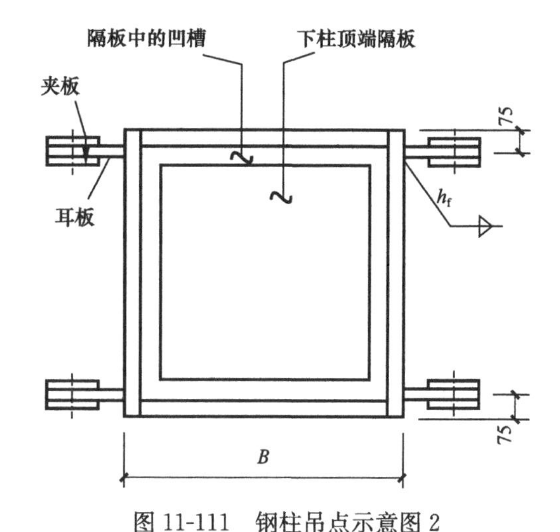

图 11-111　钢柱吊点示意图 2

B—钢柱截面宽度（mm）；h_f—焊缝厚度（mm）

5）钢柱安装要点

钢柱安装后采用汽车式起重机、塔式起重机作为吊装设备，连接板、螺栓作为连接措施，在临时固定、复测校正后，进行钢柱焊接。

钢柱吊装后用连接板连接，作为钢柱的无缆风快速定位装置。

校正时，钢柱的中心线应与下接钢柱的中心线吻合，定位轴线应从基准线直接引上，不得从下层柱的轴线引出，钢柱安装有错位时，需采用钢柱错位调节措施进行校正，主要工具包括调节固定托架和千斤顶（图 11-112、图 11-113）。

图 11-112　钢柱水平校正

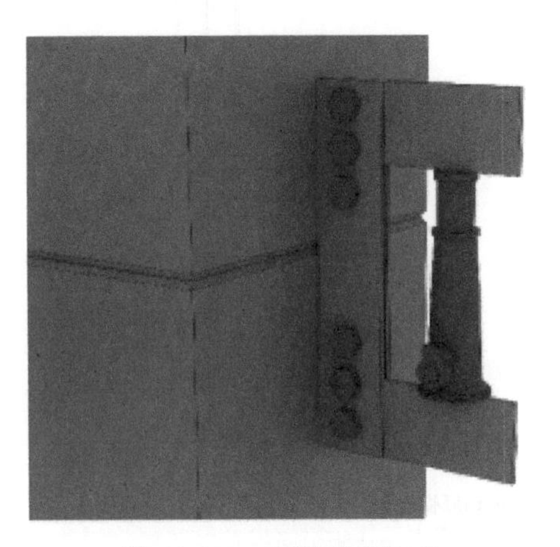

图 11-113　钢柱垂直校正

（4）钢梁安装

1）钢梁安装顺序须与钢柱安装顺序配套，钢柱安装后及时安装钢梁形成整体稳定框架结构体系。

2）钢梁安装流程

① 钢柱安装好后，测量钢柱间的距离和连接板的标高，为钢梁安装做好准备。

② 工人需要在挂篮里面工作的提前将挂篮挂到位，工人在挂篮里面挂好安全绳，将钢梁吊至安装点处缓慢下降使梁平稳就位，等梁与梁连接板对准后，将连接板用安装螺栓连接紧固。

③ 调节好梁两端的焊接坡口间隙，并用水平尺校正钢梁翼缘的水平度达到设计和规范规定后，开始钢梁焊接。焊接完成后将安装螺栓替换成高强度螺栓并终拧，再将安全绳拴牢在梁两端的钢柱上。

④ 等梁柱安装完成后，复测梁柱坐标并记录。

⑤ 在完成框架梁的安装后，即可进行次梁的安装。为了加快吊装速度，次梁可以采用串吊的方法进行。

⑥ 在主梁安装前，必须先校正钢柱，柱间梁调整校正完毕后，将各节点上安装螺栓拧紧，使各节点处的连接板贴合好以保证更换高强度螺栓的安装要求。若节点位置为普通螺栓，可直接进行螺栓安装，无须更换螺栓。

3）钢梁起吊

为方便现场安装，确保吊装安全，吊点设置在钢梁 1/3 处，两点起吊。钢梁上翼缘宽度大于 150mm 的均采用翼缘开孔的方式作为吊装孔，宽度小于 150mm 的设置吊耳。

一般情况下，钢梁采用单根吊装，随着建筑的升高，为提高吊装效率，在塔式起重机起重性能允许的范围内对部分钢梁采用串吊的吊装方法（图 11-114～图 11-116）。

为保证钢梁的精确定位、安装便利和安装安全性，在钢梁吊装前与梁上翼缘安装防护夹具式立杆，下翼缘安装安全网挂扣，安装端挂设吊篮，钢梁焊接时应挂设接火盆。

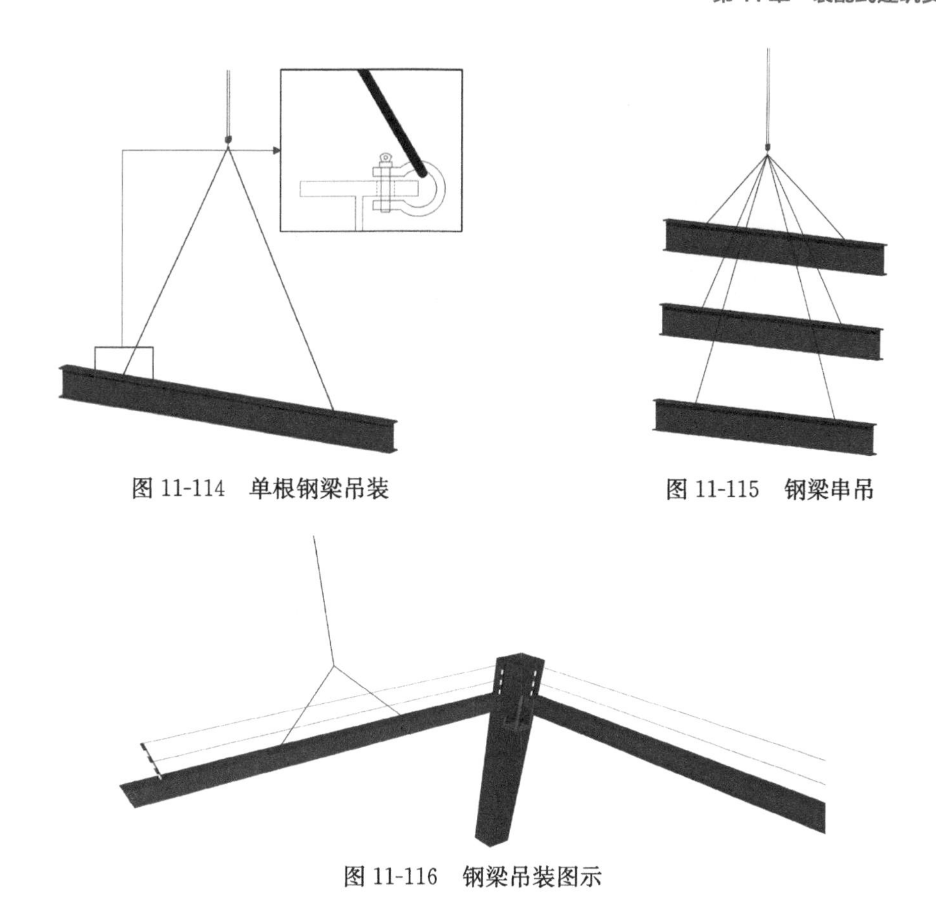

图 11-114 单根钢梁吊装

图 11-115 钢梁串吊

图 11-116 钢梁吊装图示

4）简易操作平台方式

首根梁安装时在下部利用角钢搭设简易操作平台，该操作平台主要由角钢和钢跳板组成：支撑用角钢截面为∟70×7，与钢柱焊接牢靠，焊缝要求为双边角焊缝，焊缝高不低于 6mm；立杆用圆管截面为 ϕ48×3，同样需与支撑角钢焊接稳定，焊缝要求为角焊围焊；立杆高度 800m，每 400mm 拉设一道 ϕ9 钢丝绳拉结；底部铺设横向 2 块钢跳板，钢跳板与水平支撑用铁丝绑扎牢固，并加以点焊固定。后续钢梁依旧采用吊篮周转的方式进行安装。简易操作平台示意图如图 11-117 所示。

5）钢梁安装要点

钢梁就位时，及时夹好连接板，对孔洞有少许偏差的接头应用冲钉配合调整跨间距，然后用螺栓拧紧，螺栓数量按规范要求不得少于该节点螺栓总数的 30%，且数量不得少于 2 个。

螺栓安装顺序为由内到外，从中间到两边。

钢梁采用螺栓连接前，要复验摩擦面的抗滑移系数。螺栓连接前，应依据出厂批号，每批抽验最少应为 8 套扭矩系数。螺栓穿入孔内要顺畅，不能强行敲入。

高空作业人员使用的工具、零配件要放入随身的工具袋内，不可随便上下抛扔。

6）钢结构安装安全措施

针对工程结构特点、施工方案，安全通道在工程整个施工过程中都将频繁地使用，安全通道设置的好坏不仅影响施工人员的安全，也会影响工程的施工进度与质量，所以安全通道的设置是工程的重点之一。

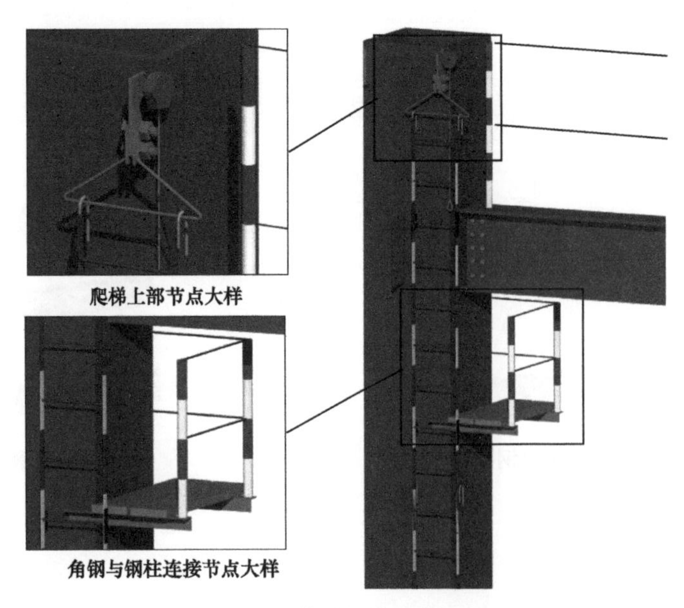

图 11-117 简易操作平台示意图

(5) 安全垂直通道

工程安全垂直通道主要为钢爬梯和工具式垂直通道。

钢爬梯是在钢柱吊装就位后作业人员解钩和楼层钢管爬梯还未跟进的情况下，在钢柱上绑钢爬梯作为施工人员上下楼层的临时通行措施。攀登用的钢爬梯，结构构造上必须牢固可靠，制作后须经验收合格后方可投入使用。相邻楼层间搭设垂直通道，两侧设置上下两道防护栏杆，踏步设置防滑条。

1) 垂直通道底部固定措施

工具式垂直通道在地面进行首层安装时，底部需进行找平（可采用铺钢板进行找平），条件允许预埋钢筋可作为底部连接措施。

在楼面生根的工具式垂直通道，下部采用 4 根 HM300×300H 型钢搭接在主梁上部，与主梁焊接固定，H 型钢需要两根为一组，分别布置在垂直通道底部。

2) 垂直通道附着措施

考虑到垂直通道使用过程中的舒适性及安全性，每 3.3m 需与主体结构通过∟75×5 角钢在垂直通道两侧做一道附着。

3) 垂直通道出口设置

若采用标准化垂直通道每节高 4.5m，结构层每层标高 3.3m，垂直通道出口无法与结构层标高对齐，可采用钢楼梯搭设在垂直通道出口与结构楼层位置作为横向连接通道，钢楼梯具体尺寸需与垂直通道供应商协调。

在垂直通道与结构层横向连接布置完成后，还应在横向通道上部设置遮挡措施，防止高空坠物。

出口位置还应采取拉设安全绳、安全标识牌等措施。

4) 垂直通道的定位

垂直通道安装涉及预埋钢筋和结构预留洞口等，需采用全站仪进行打点、精确定位，不宜采用安防平面布置图作为安装依据，应根据测量控制点准确地进行定位安装。

5）垂直通道的错层布置

垂直通道未经计算搭设高度禁止超过 20m，结合工程实际情况，需在 7 层、14 层进行错层布置。即首部垂直通道安装至 7 层，停止安装，在 7 楼结构层另外一点进行下一部垂直通道的安装，14 层同理。错层布置的垂直通道，在施工电梯安装至 7 层或者 14 层后，可进行下部垂直通道的拆除。

6）垂直通道的验收

垂直通道应经计算、验收合格后方可投入使用（图 11-118～图 11-120）。

（6）安全平面通道

钢结构安装所需的平面安全通道应分层平面连续搭设，钢结构施工的平面安全通道宽度不宜小于 600mm，且两侧设置上下两道防护栏杆；相邻楼层间搭设垂直通道，两侧设置上下两道防护栏杆，踏步设置防滑条。

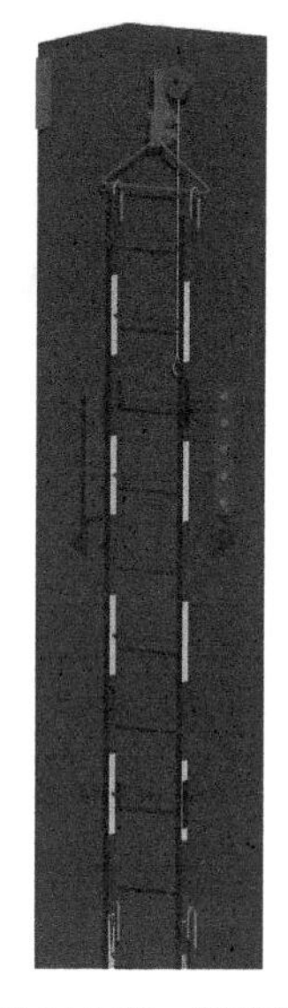

图 11-118　爬梯类安全垂直通道效果图

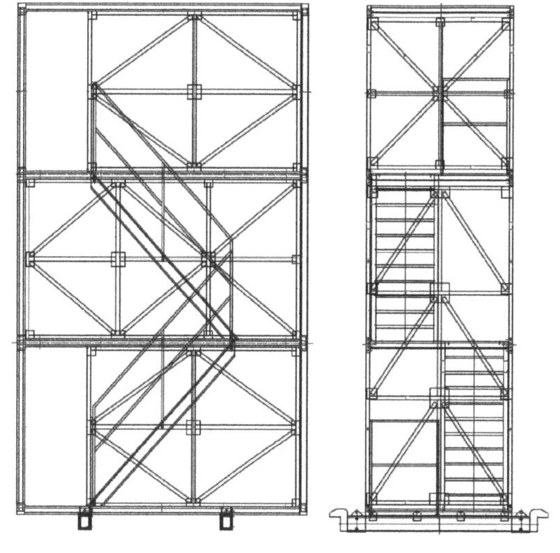

图 11-119　梯笼类垂直通道结构图

图 11-120　梯笼类垂直通道效果图

水平通道底部面板结构采用□50×50×4 的方钢和∟30×3 的角钢组成标准框架单元，水平支撑∟30×3 间距 1m 设置，底部设网眼不大于 50mm 的钢丝网走道，两侧安全栏杆使用□30×30×3 的方钢搭设，高度 1.2m，立杆间距小于 1.5m，中间设 1 道水平杆。在通道两侧安全立杆底部设置大于 180mm、高 3mm 厚铁皮踢脚板。安全平面通道验收要求如表 11-38、图 11-121、图 11-122 所示。

水平通道在外框钢梁上布置，内外两层，外层靠近钢柱焊接操作平台，内层靠近核心筒。内外两道安全通道之间有联系通道。

（7）操作平台

为方便钢柱的安装校正，高空作业人员提供可靠安全的立足点，在钢柱顶部配置可装配式操作平台。每节钢柱安装完成后，根据柱体规格调整装配式操作平台大小，将该平台

安全平面通道验收要求　　表 11-38

<table>
<tr><td rowspan="6">通道结构</td><td>走道板连接螺栓应拧紧，牢固可靠</td></tr>
<tr><td>底部框架焊接牢固无裂纹</td></tr>
<tr><td>6mm 走道网与框架焊接牢固</td></tr>
<tr><td>护栏及框架部无严重变形和局部开焊</td></tr>
<tr><td>杆件、部件防锈漆完好</td></tr>
<tr><td>通道安装平稳无歪斜、晃动</td></tr>
<tr><td rowspan="3">安全防护</td><td>通道外侧 1.2m 高防护栏杆完好无裂纹</td></tr>
<tr><td>通道两侧 20cm 高的踢脚板焊缝完好</td></tr>
<tr><td>走道网使用 4mm 厚钢板网，满铺、牢固</td></tr>
<tr><td>荷载</td><td>施工荷载不超过 0.3t</td></tr>
</table>

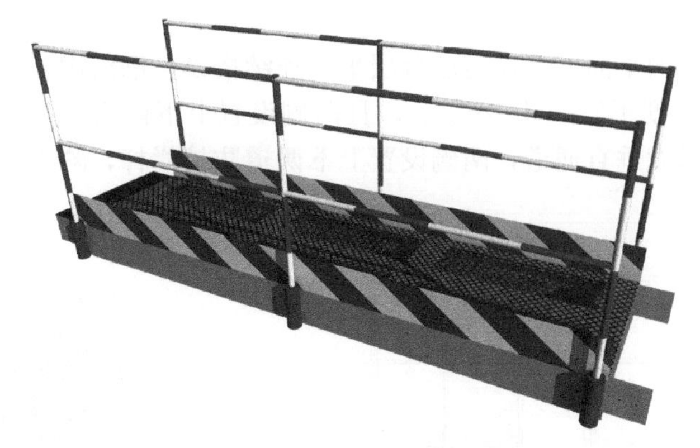

图 11-121　安全通道整体效果图

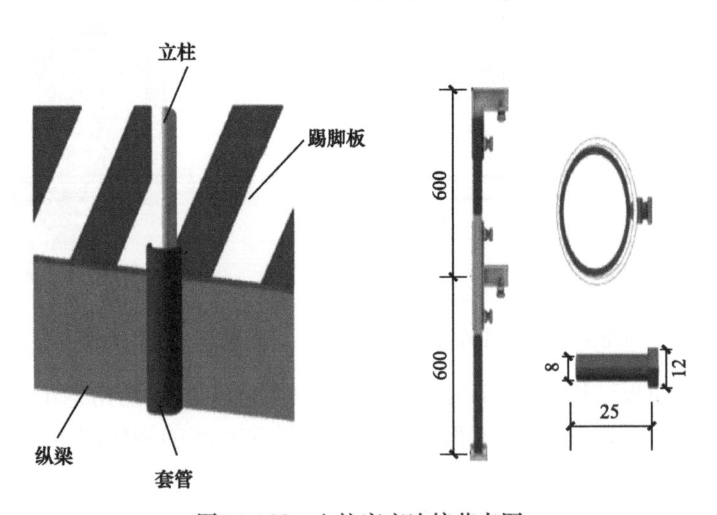

图 11-122　立柱底座连接节点图

整体吊运至钢柱与上一节钢柱对接部位。为防止操作平台晃动，方便工作人员作业，操作平台与钢梁作临时固定，待吊装焊接探伤工作完成后，将操作平台吊至地面，循环使用。根据项目实际需求考虑增加防风棚。

施工设置两种类型操作平台，标准操作平台为外侧框柱施工使用，根据钢柱施工分段，一节一周转（图 11-123）。

（8）双道安全钢丝绳

钢梁在地面未安装前在钢梁两侧拉设双道安全钢丝绳，安全立杆间距不大于 8m，且安全立杆离钢梁边缘距离为 1～1.3m。供作业人员在高空钢梁上通行时挂安全带，在楼层未铺设水平安全网和临边防护栏杆未实施前，具体布设部位为所有钢梁（图 11-124）。

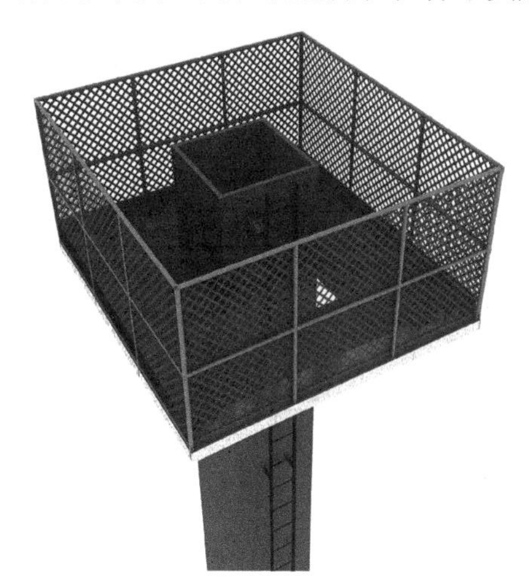
图 11-123　操作平台图示

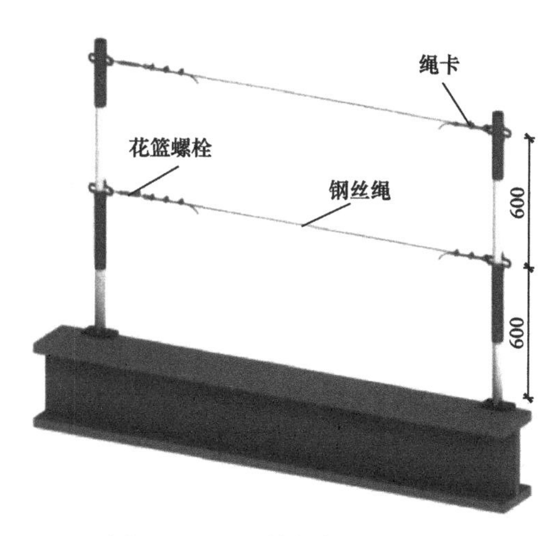

图 11-124　双道安全钢丝绳拉设

（9）挂篮

工程结构主要为钢框架结构，钢梁的高空焊接与高强度螺栓施工时，使用挂篮作为操作平台，挂篮在使用时须有防坠措施，人员作业时必须挂好安全带。挂篮制作必须采用圆钢，严禁采用螺纹钢，圆钢直径不得小于 11mm，挂篮形式如图 11-125～图 11-127 所示。

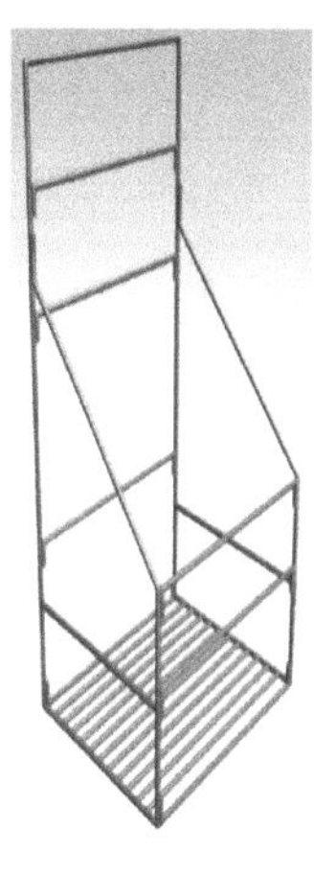
图 11-125　挂篮

图 11-126　挂架效果图

（10）安全网

结合工程结构特点，钢结构作业大部分为高空作业，且楼层有压型钢板施工，为保证人员安全，并综合考虑操作便利，在楼层钢梁设置下挂式安全网；型梁焊接安全网挂钩并满铺安全网（图 11-128，表 11-39）。

（11）接火盆

此类型接火盆适用于 H 型钢梁对接焊缝处焊接接火。

高处焊接时，应对接火盆采取相应的防坠措施。

使用时应在盆底满铺石棉布。

接火盆装配方式如图 11-129 所示。

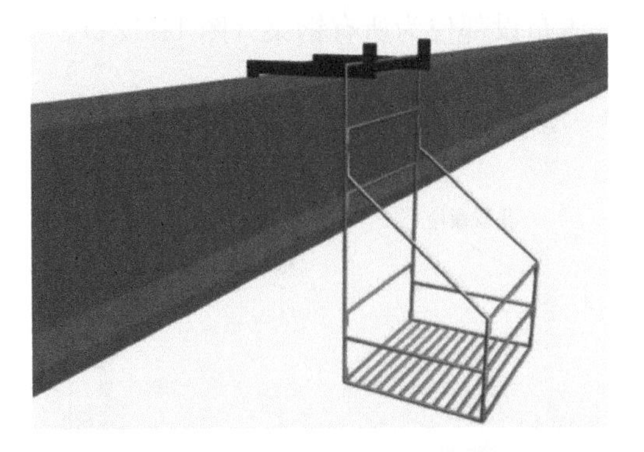

图 11-127 挂篮与挂架组合效果图

图 11-128 下挂式安全网

安全网要求 表 11-39

序号	要求
1	安全网应采用符合安全要求的阻燃水平安全网，其网眼不应大于 30mm
2	安全网挂钩应在构件吊装前就位，间距不应大于 750mm
3	构件吊装就位后应按区域及时挂设好安全网
4	水平安全网内严禁放置工具及其他物件，严禁向安全网内丢弃施工垃圾
5	待本层作业面所有钢结构施工工序均已完成后，方可拆除安全网，并向后续单位移交作业面

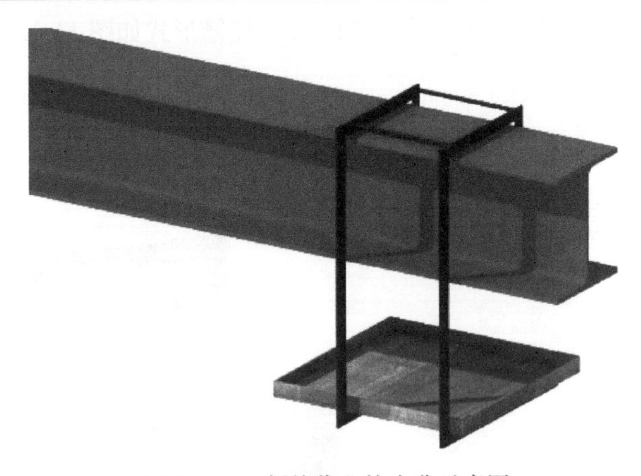

图 11-129 焊接作业接火盆示意图

(12) 涂装施工措施

工程结构主要为钢框架结构、楼板均为钢筋桁架楼承板，钢柱、钢梁均有防腐涂装要求。在楼板混凝土浇筑完成后进行钢结构的防腐、防火涂装施工，施工采用落地式操作平台。操作平台采用 ϕ48mm × 3.5mm 的脚手管搭设，搭设尺寸 3000mm × 3000mm × 1500mm，四周在 0.6m 和 1.2m 高度处设置防护栏杆，支撑间距 0.4m，四周设置斜向斜撑，平台设置一个施工人员上下的通道。

钢结构安装验收质量控制：

1）现场安装质量通病及防治措施（表 11-40）

现场安装质量通病及防治措施　　表 11-40

序号	质量通病	防治措施
1	基础及支承面轴线与标高等尺寸偏差未达到规范和设计要求，地脚螺栓安装后移位	偏移尺寸超出允许值，征得设计同意做处理
2	地脚螺栓安装尺寸超差，露出长度不足	复测原始定位点
3	柱脚钢垫板不正确，大小不一	垫板的组合与设置严格按设计和规范执行
4	基础混凝土强度未达到设计强度的 75%安装钢结构	需在混凝土强度达到设计强度的 75%后安装钢结构
5	构件验收不严格	需要专门验收班组对构件进行验收，建立严格的档案制度
6	构件基准标记不全，无中心线和标高标记	构件加工出厂前，应正确对其进行各个基准线的标记
7	构件表面污损，有划伤和泥沙油污	运输过程中，必须严格控制运输、预防污损
8	钢构件对接不准确	根据结构特点采取合理、科学的施工方式和工艺，提高精确度
9	构件安装时，违反操作规程	必须建立安装全过程监督机制，确保安装人员按照规程进行操作
10	螺栓安装出现露牙不足、螺栓未拧紧、未做拉力复试以及紧固力矩计算	检查螺栓尺寸保证符合标准，螺栓做预拉力以及制作与安装摩擦面的抗滑移系数的复试
11	测量精度不符合要求，计量器具未做计量检定或校准不合格	对计量器具定期检定，保证其在检定有效期内使用并达到合格的要求，平常注意保养和保护
12	测量温度的偏差，安装测量中没有按光照排除侧照引起的偏差或没有调整气温引起的偏差	钢柱垂直度的测量应先校正好一根标准柱，其他钢柱则可根据测量当时标准柱温差弹性挠曲值进行校正
13	测量用基准点不当，每节钢柱的定位轴线未从地面控制轴线直接引上，安装柱时，随意设置柱的定位轴线和水准点	根据工程总承包提供的轴线标板和表格基准点复核柱基础定位轴线的标高，每节柱的定位轴线应用铅垂仪从地面的控制轴线直接引上来，再通过全站仪进行平面控制网放线，把轴线放到柱顶上
14	钢柱安装几何尺寸超差	测量前检查校准测量仪器，钢柱安装后，采取可靠的临时固定措施，保证施工安全和柱的垂直度，安装超过偏差的要及时调整
15	钢梁安装精度超差，同一梁顶面高低差或同一主梁与次梁表面高低差超过国家现行规范规定的允许偏差	构件进厂应抽查测量，注意牛腿和节点安装孔的尺寸偏差，保证合格；现场安装前应核对两个搁置点的标高；现场安装时应认真调整连接处的高差，并临时固定
16	验收时，误将钢柱或梁等安装校正后的测量数值作为安装验收的测量数值	安装验收检测应在结构形成空间刚度单元，并在焊接连接、紧固件连接等分项工程验收合格的基础上进行，否则会影响精度

2）焊接质量通病及防治措施（表 11-41）

焊接质量通病及防治措施　　表 11-41

序号	质量通病	防治措施
1	焊接材料选用不当	认真审核图纸，了解不同钢材对焊材的匹配要求
2	焊材外观不合格，焊丝外表的镀铜有缺损，焊丝断头有锈斑，焊剂混有杂质，或受潮结块	加强运输中对焊材的保护，防止焊材受损，入库检查并做好保管工作，发现疑点，进行抽查和复检

续表

序号	质量通病	防治措施
3	焊缝裂纹	厚工件焊前要预热，并达到规范要求的温度，焊材要与被焊接的钢材相匹配，严格做好坡口的清洁工作，裂纹较浅，可用角向砂轮磨去，较深则视为内部缺陷做焊接修补
4	气孔	注意坡口及焊层间的清洁，凸凹不平的地方应铲除
5	焊瘤	加强培训，提高焊工操作技能，发现焊瘤，用角向砂轮磨去焊瘤，直至此部位同整体焊缝平顺过渡，并同母材平顺过渡
6	咬肉	根据工件厚度正确使用焊接工艺参数，调整好电流大小，焊条（焊丝）角度要正确，注意焊缝中心线，焊接中不应有洼陷；出现咬肉，浅的砂轮磨平，深的焊接修补
7	夹渣	提高焊接操作技能，注意坡口及焊层的清洁，铲除凸凹不平的地方；浅的表面夹渣，砂轮磨去，平顺过渡，深的夹渣，在清洁后补焊修正
8	飞溅	调整好焊接电流、电压大小和保护气体流量
9	焊接环境不好，影响焊接质量	在焊接部位搭设防护棚，特别是CO_2气体保护焊，风速、湿度对焊接质量影响较大，必须确保优良焊接环境
10	随意在母材上引弧，削弱母材强度	减少在成品钢构件上焊接临时设施，避免伤害母材
11	焊接不用引弧板	应加设长度大于3倍焊缝厚度的引弧板，并且材质应与母材一致或通过试验选用
12	分段过多，焊接残余应力累积，使偏差过大	减少构件分段，尽量在工厂进行加工制作，必须要进行分段的尽量避免高空组装焊接，而采取在地面进行拼装
13	焊接顺序不当造成安装偏差大	根据现场实际的测量成果确定合理的焊接顺序，使安装精度进一步提高

3）螺栓安装质量通病及防治措施（表11-42）

螺栓安装质量通病及防治措施　　表11-42

序号	质量通病	防治措施
1	螺栓孔错位，扩孔不当	螺栓应自由穿入螺栓孔，扩孔时要采用铰刀等机械方式，严禁采用气割方式进行扩孔，扩孔孔径应控制在$1.2d$范围内（d为螺栓的直径）
2	螺栓安装顺序不正确	螺栓安装顺序，从中心向四周
3	螺栓直接终拧	螺栓必须先初拧，再终拧，不能直接终拧
4	螺栓型号不统一	螺栓应按统一规格、型号堆放，派专人管理

11.3.8 装配式楼板施工

项目楼板一般采用钢筋桁架式组合楼承板，节省大量临时性模板，同时有效减少施工现场大量支模工作，大大加快施工速度。

1. 施工流程（图 11-130）

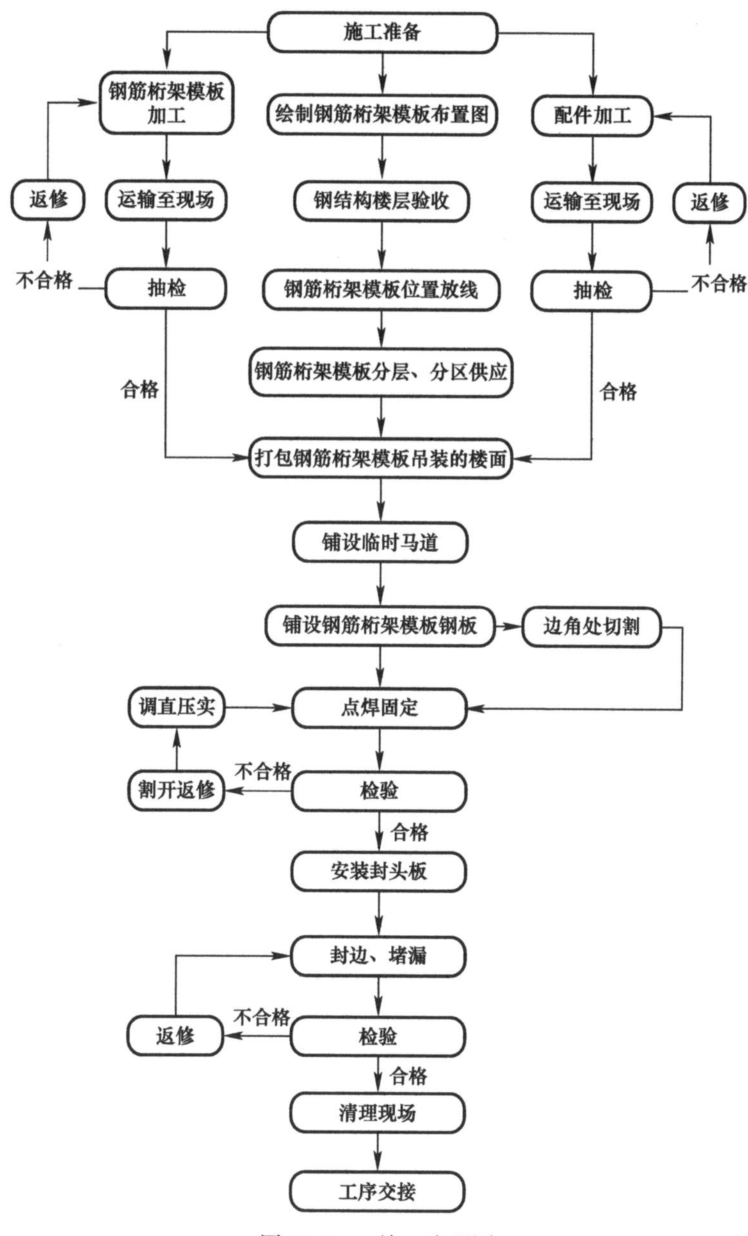

图 11-130　施工流程图

2. 施工要点及注意事项（表 11-43）

施工要点及注意事项　　**表 11-43**

序号	要点及注意事项
1	钢筋桁架楼承板平面及立面施工顺序：每层钢筋桁架楼承板的铺设宜从起始位置向一个方向铺设，边角部分最后处理；随主体结构安装施工顺序铺设相应各层的钢筋桁架楼承板
2	楼板铺设前，应按图纸所示的起始位置放设铺板时的基准线。对准基准线，安装第一块板，并依次安装其他板。楼板连接采用扣合方式，板与板之间的拉钩连接应紧密，保证浇筑混凝土时不漏浆

续表

序号	要点及注意事项
3	平面形状变化处（钢柱角部、梁面衬垫连接板等），可将钢筋桁架楼承板切割，切割前应对要切割的尺寸进行检查复核，在楼承板上放线后切割
4	跨间收尾处若板宽不足540mm，可将钢筋桁架楼承板沿钢筋桁架长度方向切割，切割后板上应有一榀或二榀钢筋桁架，不得将钢筋桁架切断
5	严格按照图纸及相应规范的要求调整位置，板的直线度误差为10mm，板的错口要求小于5mm
6	钢筋桁架楼承板平行于钢梁处，底模在钢梁上的搭接长度不小于30mm。钢筋桁架垂直于钢梁处，楼承板端部的竖向钢筋在钢梁上的搭接长度（指钢梁的上翼缘边缘与端部竖向支座钢筋的距离）不宜小于50mm，且应保证镀锌底模能搭接到钢梁之上
7	钢筋桁架楼承板就位之后，应立即将其端部的竖向钢筋及底模与钢梁点焊牢固。沿长度方向将镀锌钢板与钢梁点焊，焊接采用手工电弧焊，间距为300mm
8	钢筋桁架楼承板铺设到哪里，梁面水平网就拆除到哪里，即边拆除安全网，边铺设钢筋桁架楼承板，不可大面积拆除水平网
9	钢筋桁架楼承板装运时，依据施工分区，将同一区域钢筋桁架楼承板集中打包在一起，施工时用塔式起重机整包吊装
10	铺设完毕后，要做到工完场清：每天切割的钢筋桁架楼承板边角料及时收集后集中运送到地面，焊后的栓钉保护瓷环必须清理装袋并及时运送到地面，避免划伤钢筋桁架楼承板，以及下雨后锈蚀钢筋桁架楼承板
11	高层结构上部风大，在铺设时，应注意不要将所有钢筋桁架楼承板拆包，要边拆包、边铺设、边固定；每天拆开的钢筋桁架楼承板必须铺设并固定完毕，没有铺设完毕的钢筋桁架楼承板要用铁丝等进行临时固定，避免大风或其他原因造成钢筋桁架楼承板飞落伤人
12	浇筑混凝土前，应及时完成封口板、边模、边模补强等收尾工程，钢筋桁架楼承板上的杂物及灰尘、油脂等其他有妨碍混凝土粘结的杂物应清除干净

3. 质量检查验收

施工过程中严格按顺序进行，逐步进行质量检查，安装结束后进行隐蔽、交接验收；检验主要内容见表11-44。

检验主要内容　　表11-44

序号	主要内容
1	钢筋桁架楼承板的具体构造尺寸验收
2	钢筋桁架楼承板型号与图纸复核
3	钢筋桁架楼承板板边与钢梁搭接长度验收
4	钢筋桁架楼承板收边板是否焊接牢固
5	钢筋桁架楼承板板间扣边质量

4. 栓钉施工

栓钉规格采用$\phi16$、$L=80$mm的栓钉。采用熔焊栓焊机施工，现场压型钢板栓钉焊接主要为穿透焊，即栓钉引弧后先穿透钢筋桁架楼承板，然后再与钢梁（构件）熔成一体。其焊接过程为：引弧—熔穿薄钢板—焊接。栓钉的电弧焊接在瓷环的保护下进行，要求栓焊在极短的时间内引弧、焊接、成型。其工艺流程如图11-131所示。

栓钉安装方法如表11-45所示。

栓钉焊接应根据楼承板铺设进度及时跟进施焊，楼承板铺设固定完毕后开始进行栓钉的焊接。首先进行试焊以选取适宜的焊接方法和设备。试焊应采用与实际安装时相同的程序和材料进行，每次至少试焊 10 个栓钉。安装期间，每次换班，每个焊工至少试焊 2 个栓钉。

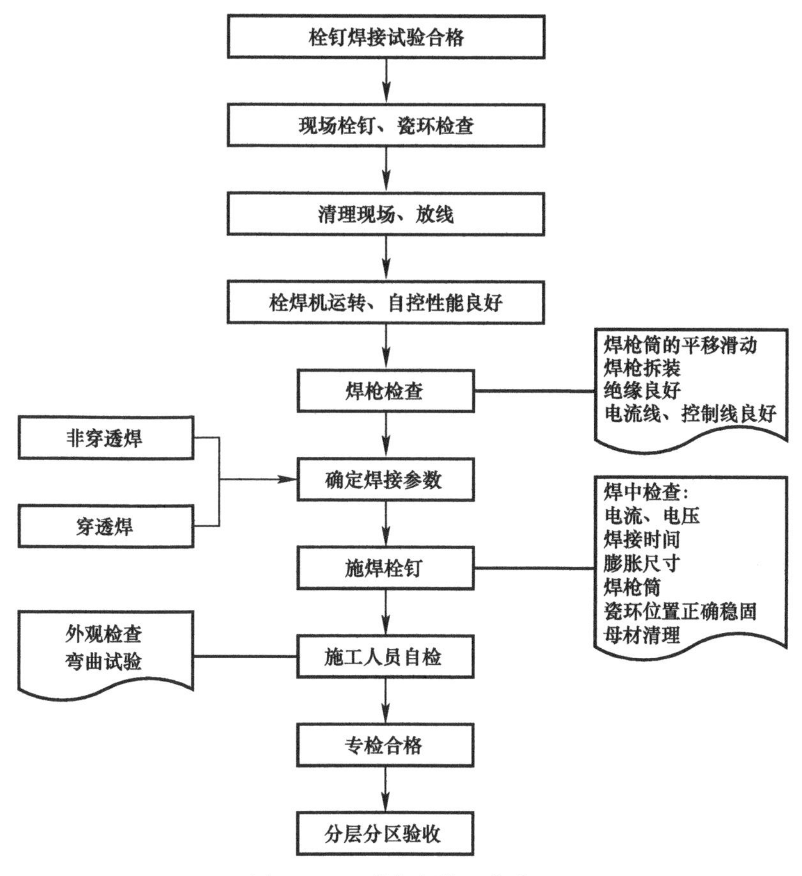

图 11-131　栓钉焊接工艺流程

栓钉安装方法　　**表 11-45**

序号	安装方法
1	使用专用栓钉熔焊机进行焊接施工，该设备需要设置专用配电箱及专用线路（从变压器引入）
2	安装前先放线，定出栓钉的准确位置，并对该点进行除锈、除漆、除油污处理，以露出金属光泽为准，并使施焊点局部平整
3	将保护瓷环摆放就位，瓷环要保持干燥；焊后要清除瓷环，以便于检查
4	施焊人员平稳握焊枪，并使焊枪与母材工作面垂直，然后施焊；焊后根部焊脚应均匀、饱满，以保证其强度达到要求

安装前先放线，定出栓钉的准确位置，并对该点进行除锈、除漆、除油污处理，以露出金属光泽为准，并使施焊点局部平整。施焊人员平稳握焊枪，并使焊枪与母材工作面垂直，然后施焊。

栓钉焊接施工质量检查如表 11-46 所示。

栓钉焊接施工质量检查 **表 11-46**

序号	栓钉焊接质量检查	示意图
1	焊后检查栓钉底部的焊脚应完整并分布均匀	
2	外观检查合格的栓钉还应按照规范要求用铁锤进行打击，使其弯曲 30°，并检查焊接部位是否出现裂纹	

11.4 围护墙与内隔墙

11.4.1 围护墙

围护墙为玻璃幕墙，幕墙结构设计使用年限：50 年；幕墙系统设计使用年限：25 年，幕墙防雷设计与施工应满足相关规范要求。

幕墙主要包括单元式玻璃幕墙系统；单元式铝合金板系统；单元式蜂窝铝合金板系统；框架式玻璃幕墙系统；格栅吊顶系统；铝板雨篷系统；框架式铝合金板系统（图 11-132～图 11-134）。

图 11-132　单元式幕墙

图 11-133　框架式幕墙

11.4.2 内隔墙

项目内隔墙可采用轻钢龙骨隔墙或其他装配式内墙板（图 11-135、图 11-136）。

图 11-134　单元式幕墙

图 11-135　井道系统专用 CH 轻钢龙骨隔墙体系实景

图 11-136　75 系列轻钢龙骨体隔墙体系实景

11.5　穿插流水施工

流水穿插施工作业主要涉及幕墙专业、机电专业、装饰装修专业，各专业穿插施工时，原则上竖直方向优先幕墙专业再其他专业，水平方向优先机电专业再装饰装修专业，层内区域优先户内再公区走廊。

11.5.1　多层平急酒店穿插流水施工

1. 多层施工区段划分及施工计划

多层建筑每栋单体均独立施工，单栋内流水作业，各栋互不干涉。

2. 机电施工安排

多层单体建筑在箱体吊装至第 3 层时，机电插入施工，立面上分为 3 个施工段（1 层、2～4 层、5～7 层），每栋流水 2 次。

3. 装饰装修施工安排

多层单体建筑的装饰装修晚机电 1 天施工，立面上分 3 个施工段（1 层、2～4 层、

5～7 层)，每栋流水 2 次。

4. 幕墙施工安排

多层箱体安装固定完成后，幕墙开始施工，无流水段，从下往上逐层安装。

11.5.2 高层平急酒店穿插流水施工

1. 多层施工区段划分及施工计划

高层建筑每栋单体均独立施工，单栋内流水作业，各栋互不干涉。

2. 机电施工安排

高层单体建筑在主体结构完成 3 层楼板浇筑时，机电开始插入施工，3 层一个流水段。

3. 装饰装修施工安排

装饰装修主要分为轻质隔墙、整体卫浴、精装修三大板块，高层单体建筑在主体结构完成 6 层楼板浇筑时，装饰开始插入轻质隔墙施工，同步插入整体卫浴底盘施工，4 层一个流水段；轻质隔墙 1～4 层施工完成后，插入整体卫浴施工（除底盘外），4 层一个流水段；幕墙完成 1～6 层安装时，精装修开始插入施工，4 层一个流水段。

4. 幕墙施工安排

高层单体建筑在主体结构完成 9 层楼板浇筑时，幕墙开始插入施工，幕墙 9 层一个流水段。

11.6 信息化管理

11.6.1 BIM 应用情况

平急酒店项目在设计、生产、施工阶段全过程应用 BIM 技术以辅助现场快速建造为目标，以现场场景化 BIM 应用为手段，以解决现场若干实际问题为导向，从根本上提高项目设计、施工信息流传效率，实现了 BIM 技术与项目管理的深度融合。

1. 设计阶段 BIM 应用

依托 BIM 技术，建立 BIM 工作环境，以 BIM 辅助设计为导向，创建全专业模型并进行相关设计应用，强化设计校核，提前消除设计过程中的“错、漏、碰、缺”问题，实现短时间内完成高质量设计图纸，并辅助进行设计交底、定案（图 11-137～图 11-140）。

2. 生产阶段 BIM 应用

以快速生产为目标，在工厂内应用 BIM 技术结合钢结构全生命周期管理系统辅助生产。首先钢结构深化人员联动结构设计师应用 Tekla 软件对钢结构进行深化设计，快速完成对工厂钢构件的提资。工厂人员接到提资后出具相关下料排板图，联动钢结构全生命周期管理系统，对于钢结构框架体系的钢构件从工厂的原料采购、下料到生产成型，再到构件运输最后到现场存储及安装完成，进行钢构件全生命周期监管。

ME 体系方面，在施工图设计完成后，由专业团队进行机电、精装修深化设计，并应用 BIM 技术出具相关做法爆炸图及做法图。箱体生产过程类似钢构件管理，应用项目智慧建造箱体管理驾驶舱从箱体生产、运输到安装进行全过程监管，打通设计、生产和施工阶段之间的壁垒（图 11-141～图 11-143）。

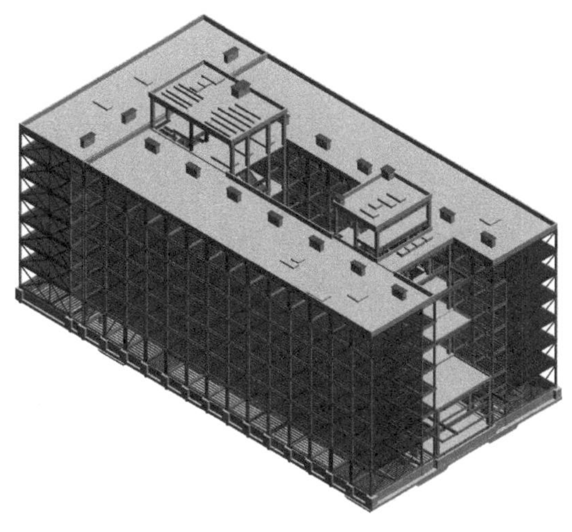

图 11-137　钢结构专业模型

图 11-138　全专业施工图模型

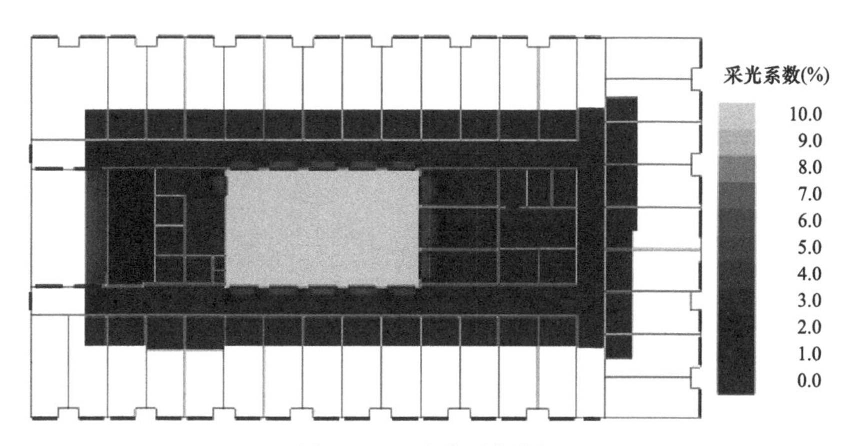

图 11-139　室内照度分析

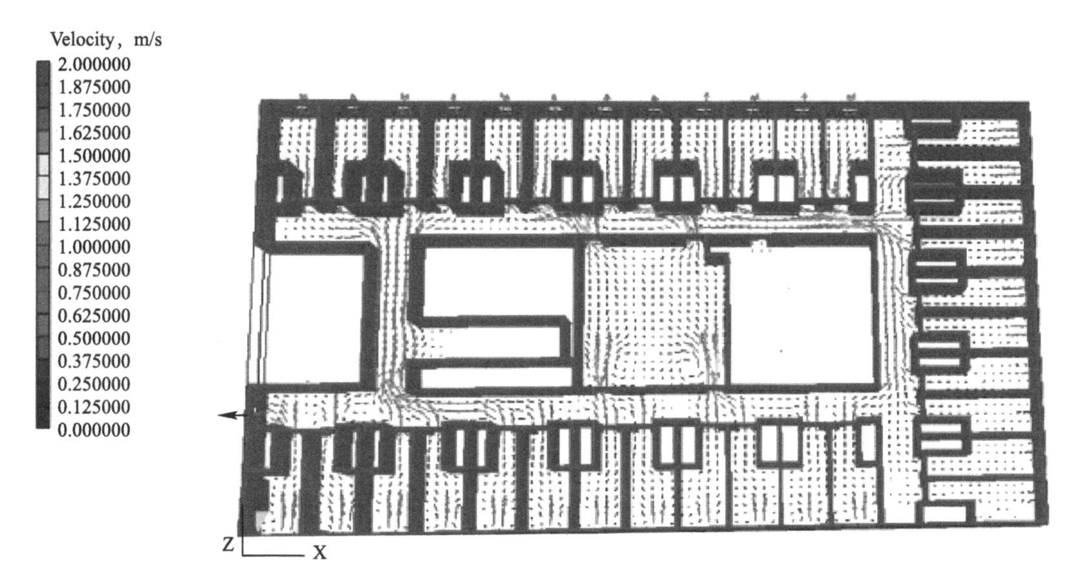

图 11-140　室内风环境分析

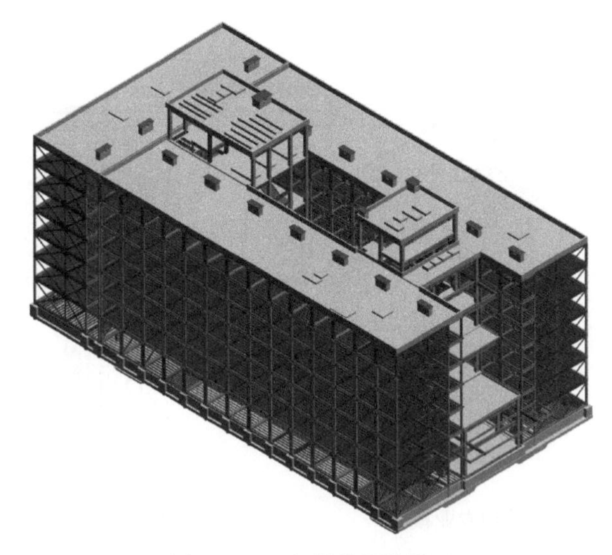

图 11-141　钢结构深化模型

图 11-142　典型钢结构节点做法

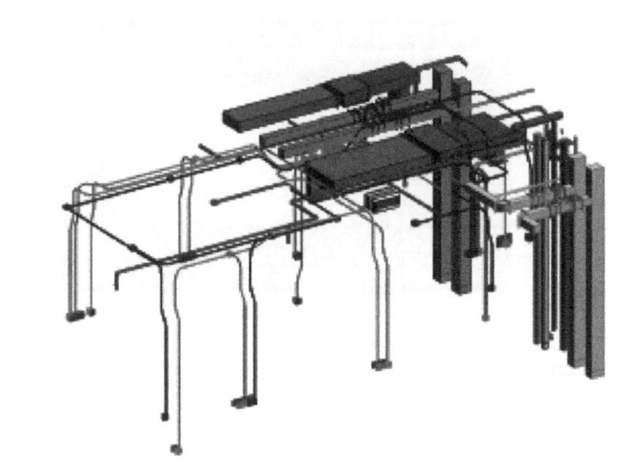

图 11-143　模块化箱内一体机电模型

3. 施工阶段 BIM 应用

此阶段以落地现场、辅助施工为主要目标，利用 BIM 技术辅助技术交底、构造做法节点展示、施工场地规划、施工组织与协调、重难点施工方案模拟优化、轻量化平台展示等，真正实现 BIM 落地于现场（图 11-144～图 11-146）。

11.6.2　信息化管理情况

系统充分应用互联网＋智慧工地运用信息化手段，力求将项目打造成应用“智慧工地”的典范项目。通过智慧工地系统，将施工过程中涉及的人、机、料、法、环等要素进行实时、动态采集，有效支持现场作业人员、项目管理者提高施工质量、成本和进度水平，形成一个以进度为主线，以成本为核心的智能化施工流水作业线。同时，通过平台相关功能模块的应用，实现更准确及时的数据采集、更智能的数据挖掘和分析及更智慧的综合预测，为项目部决策层提供项目整体状态信息呈现，监控项目关键目标执行情况及预期情况，为项目完美履约保驾护航（图 11-147）。

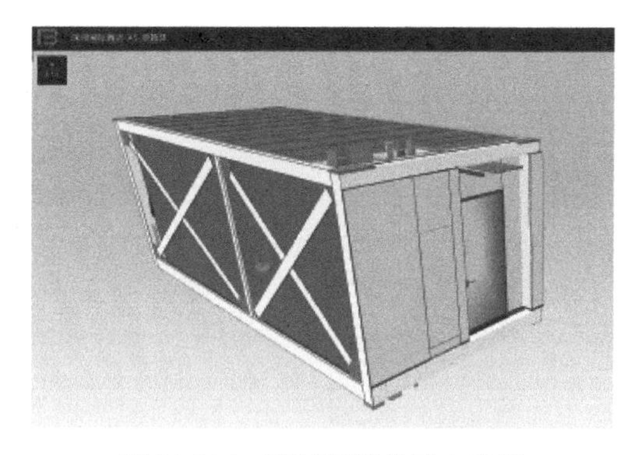

图 11-144　BIM 轻量化平台应用

图 11-145　节点做法交底

A1_外墙明细表

	族与类型	面积（m²）
公区		
F1	基本墙：装饰_墙面_SP-02_9mm	233.45
F1	基本墙：装饰_墙面_SP-03_9mm	2810.33
F2	基本墙：装饰_墙面_SP-02_9mm	233.45
F2	基本墙：装饰_墙面_SP-03_9mm	297.92
F3	基本墙：装饰_墙面_SP-03_9mm	486.72
F4\6	基本墙：装饰_墙面_SP-03_9mm	1012.43
F5\7	基本墙：装饰_墙面_SP-03_9mm	1013.26
	总计：	6087.56
单箱体（F2~F7，每层34间）		
箱体	基本墙：装饰_墙面_SP-02_9mm	36.91
箱体	基本墙：装饰_墙面_SP-03_9mm	1.87
箱体	基本墙：装饰_墙面_SP-06_9mm	5.89
	小计：	44.67
	合计：（F2~F7，每层34间，共204间）	9112.68

图 11-146　辅助商务算量

1. **劳务实名制管理**

在项目部，通过“智慧工地”人员管理的应用，实现对项目各施工方工人进行实名登记、及时记录和掌握工人安全教育情况；监控人员流动情况，为企业及项目部保障生产提供数据决策依据。结合“人脸识别”与门禁等各类智能硬件设备的应用，实时统计现场劳务用工情况，分析劳务工种配置；同时，与人员定位技术相结合，实现现场人员的可视化仿真定位（图 11-148）。

2. **视频监控**

项目可在现场定点布置网络高清摄像头，通过移动端、PC 端对项目工地各出入口、作业面等重点区域进行 24h 实时监控，管理者可掌握项目施工现场和施工进度情况，跟踪生产进度，实时查看工人工作状态，为项目形象进度信息的获取及安全管控提供支撑。

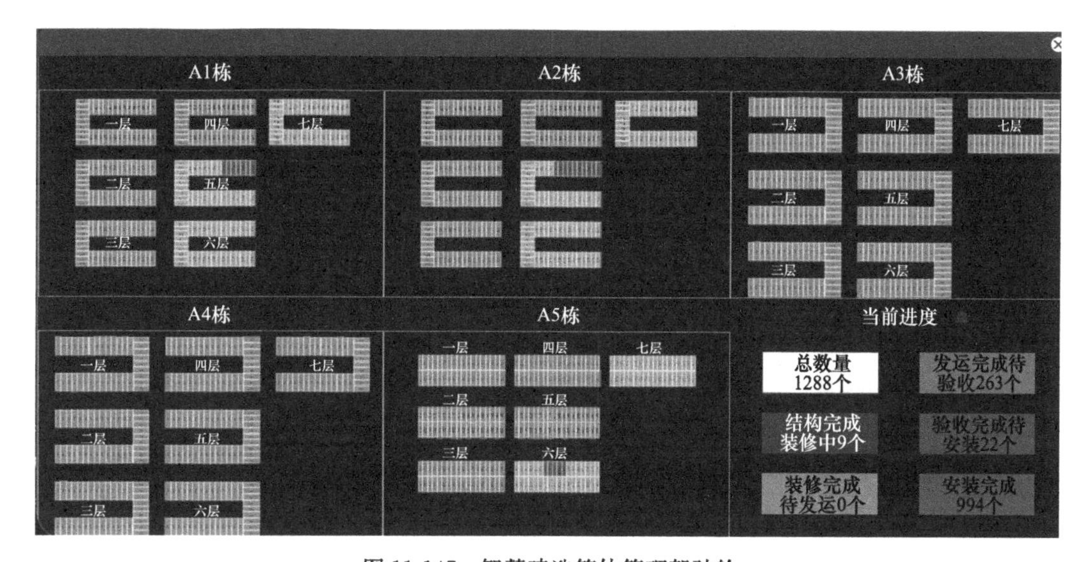

图 11-147　智慧建造箱体管理驾驶舱

图 11-148　闸机效果图（三辊闸）

工地视频监控系统架构由三部分组成：前端设备、传输网络、监控中心。全景监控系统是在项目施工现场、办公区、生活区搭建一套物联网络，将布设在施工现场的枪机、球机、半球机、AP 设备组建成单个或多个局域网络，实现在移动端、PC 端、大屏端随时随地查看现场监控画面的效果（图 11-149、图 11-150）。

图 11-149　全方位视频监控

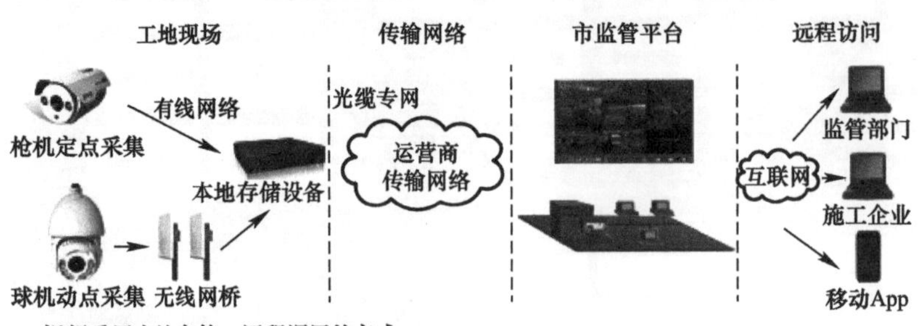

视频采用本地存储、远程调用的方式

- ◆ 工地现场：安装摄像机和NVR，球机采用无线网桥接入局域网方式，解决塔式起重机高度不断上升的难题；通过光纤专网将视频上传广域网；本地配置视频服务器可存储视频1个月。
- ◆ 监控管理平台：可实现视频的调取、录像、回放、截图等功能。
- ◆ 远程访问：监管部门、建筑企业等授权用户均可用计算机、手机通过互联网查看监控视频。

图 11-150　视频监控系统架构图

3. 建筑废弃物管理

在项目门口安装一套泥头车车辆监控识别系统，结合深圳市建筑废弃物智慧监管系统，对项目泥头车及建筑废弃物排放进行全过程监管（图 11-151、图 11-152）。

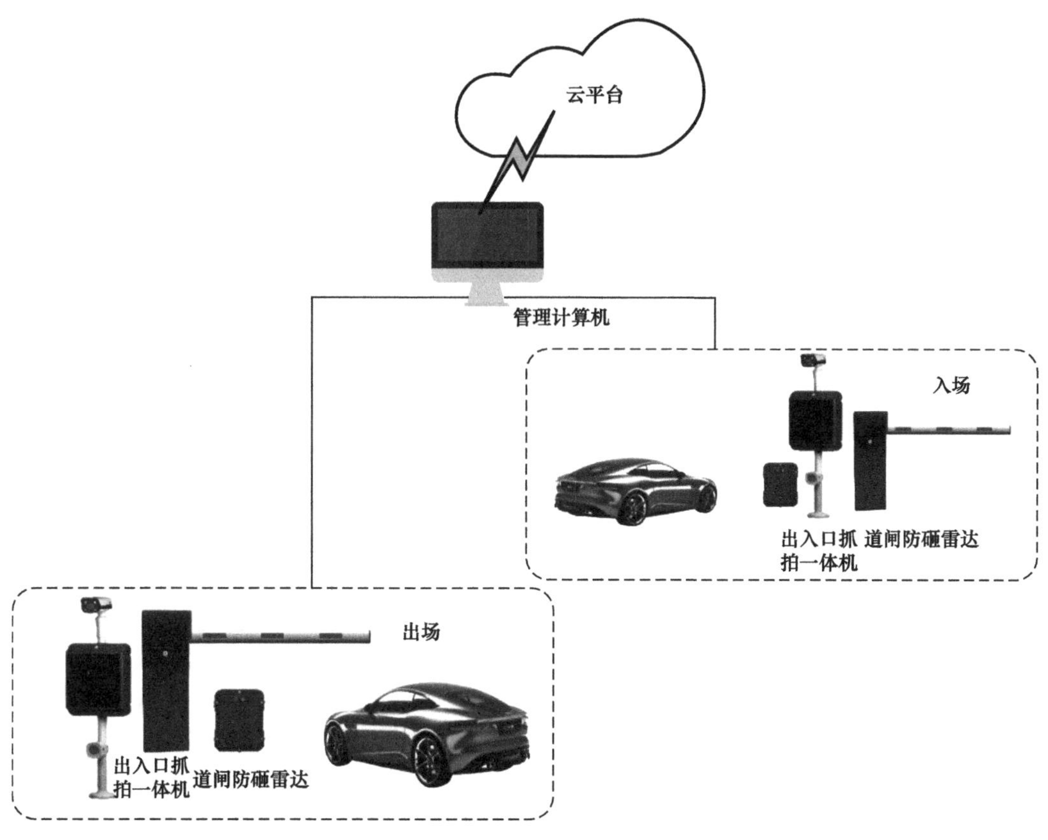

图 11-151　泥头车车辆监控识别系统

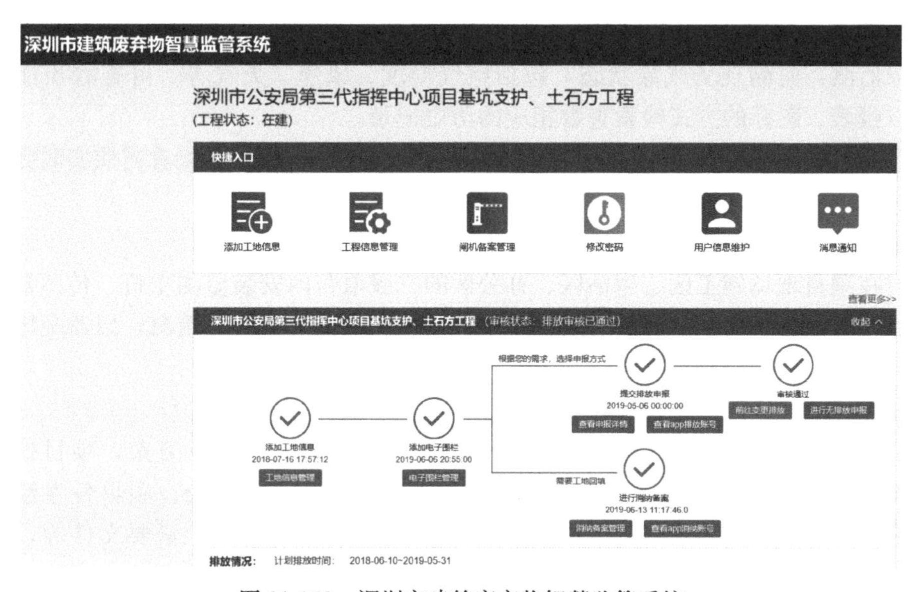

图 11-152　深圳市建筑废弃物智慧监管系统

4. **环境监测**

项目绿色施工技术除文明施工、封闭施工、清洁运输等外，应减少噪声扰民、工地扬尘造成的环境污染，采用节电及用电安全的绿色施工技术。通过加装施工工地环境监测仪，对施工场地的 PM2.5、PM10、噪声、气象进行实时监测，数据通过网络在“智慧工地”平台实时展示与预警，以减少噪声扰民、工地扬尘造成的环境污染（图 11-153）。

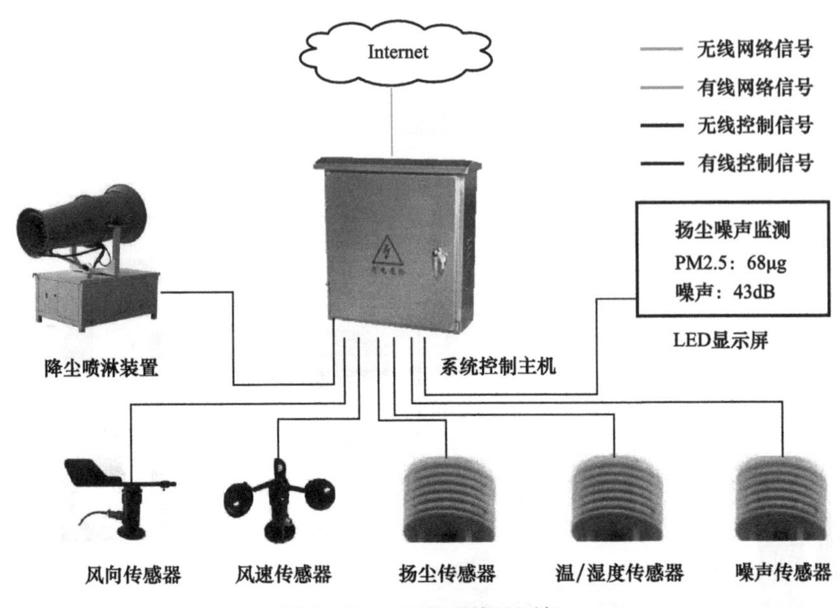

图 11-153　TSP 环境监测仪

扬尘监测：可查看指定工地上各扬尘监测设备的扬尘及 PM2.5 数据，可设置环境阈值，超过阈值自动启动除尘设备，同时可查看当前实时数据，或以报表、图表的方式检索查看相应的历史记录。

气象监测：监测现场气象状态，包括空气湿度、风速、天气等，可查看当前实时数据，或以报表、图标的方式检索查看相应的历史记录。

噪声监测：可查看指定工地上各噪声监测设备的噪声数据，可查看当前实时数据，或以报表、图表的方式检索查看相应的历史记录。

5. **用电监控**

通过在项目现场施工区、生活区、办公区的二级电箱内安装监测主机、传感器和数据传输设备来监测三相电缆的温度、环境温度、是否有漏电流超标的情况，以避免电箱起火等事故的发生。

6. **文档云**

项目体量大、工期长，且项目参建单位数量多，人员关系结构复杂，项目拟采用文档云系统，在建设过程中给各级人员分发账号，实现人员高效办公。项目各参建单位可在文档功能中上传、下载、创建各类文件夹，减少同事间不必要的索要文件等，提高办公效率。

7. AI 智能系统

通过在摄像头上增设 AI 人工智能算法，对现场人员安全帽、反光衣的佩戴可起到监控抓拍的功能，能够辅助项目安全人员对现场安全行为进行监控，为项目安全管理人员减负。

实时动态监测，报警信息推送及时，智能高效，节省安全管理工作量。

后台抓拍存档，违规行为有迹可循，奖罚有据可依。

作为一种新型的安全管理方式，监督工人，间接提高工人安全意识。

8. 工地广播

在现场各楼层视频监控摄像头处集成广播系统，在现场突发紧急情况或遭遇极端天气时，项目管理人员能第一时间在项目部通过呼叫设备传话至现场，配合视频监控系统有效指挥现场人员。

工地广播系统设置在各楼层视频监控球机旁边，通过视频监控网络播放声音信号。在日常广播、安全警示提醒、违章作业及时提醒、应急预警、疏散通知等方面均有充分应用。

9. 无人机远程指挥

当前无人机可以轻松捕捉到项目的全景画面以及外立面各区域细部情况等，已经成为建筑施工过程中的重要信息化管理手段之一。通过无人机+5G 结合的方式，实现无人机画面实时共享直播，便于管理人员进行检查与决策，并联动项目智慧工地平台开展无人机巡检，便于管理人员快速了解视频监控无法覆盖区域。企业各级需要远程协助项目、了解现场情况时，通过互联网连接进入平台内可实现多级共享沟通（图 11-154）。

图 11-154　应用场景实例

10. 智能控制设备（喷淋）

对于现场喷淋系统、照明系统及烟感系统，项目部统一采用智能化管理，即通过各类传感器 24h 感知现场扬尘浓度、环境光照及烟雾浓度，在超过一定阈值时将联动现场物联网设备进行相关开关及报警等动作。通过与项目 TSP 环境监测系统联动，当现场扬尘浓度超过阈值时，现场喷淋设备将自动启动降尘，当扬尘浓度降低后自动关闭（图 11-155）。

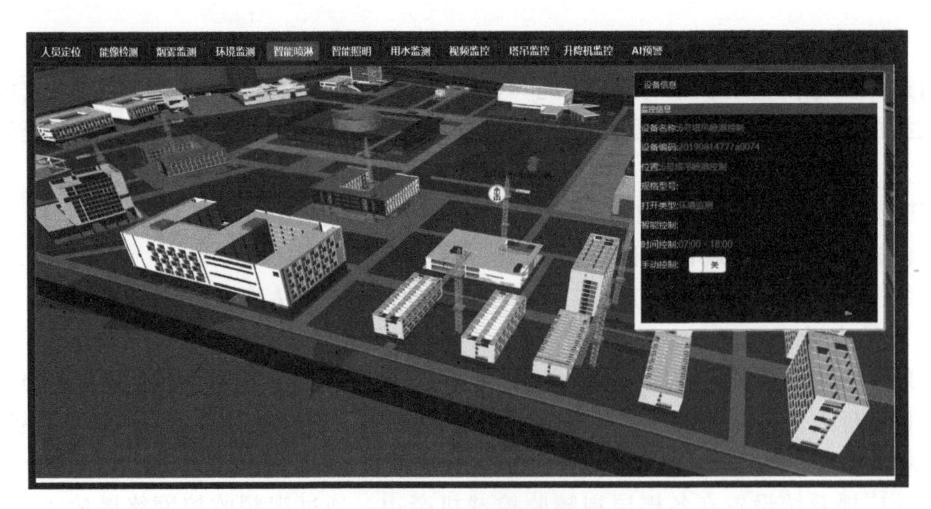

图 11-155　智能喷淋

11.7　安全专项施工方案

按相关标准、规范及管理要求，编制施工安全管理措施、安全应急救援预案等施工专项方案。